教育部产学合作协同育人项目（202102645002）
石家庄学院博士科研启动基金（21BS018）

基于张量分解理论的
三维人脸
表情识别算法研究

符蕴芳 著

河北科学技术出版社
·石家庄·

图书在版编目（CIP）数据

基于张量分解理论的三维人脸表情识别算法研究 / 符蕴芳著. -- 石家庄：河北科学技术出版社，2022.12（2023.3重印）
ISBN 978-7-5717-1089-7

Ⅰ. ①基… Ⅱ. ①符… Ⅲ. ①面－图像识别－算法－研究 Ⅳ. ①TP391.413

中国版本图书馆CIP数据核字（2022）第258408号

基于张量分解理论的三维人脸表情识别算法研究
JIYU ZHANGLIANG FENJIE LILUN DE SANWEI RENLIAN BIAOQING SHIBIE SUANFA YANJIU

符蕴芳　著

出版发行	河北科学技术出版社
地　　址	石家庄市友谊北大街330号（邮编：050061）
印　　刷	河北万卷印刷有限公司
开　　本	710毫米×1000毫米　1/16
印　　张	10.25
字　　数	160千字
版　　次	2022年12月第1版
印　　次	2023年3月第2次印刷
定　　价	50.00元

版权所有　侵权必究

前　言

　　人脸表情传递着人类情绪状态，是人类重要的情绪信号系统。随着人脸扫描技术、模式识别技术与计算机视觉技术的快速发展，作为人工智能、神经学和行为科学交叉的一个跨学科应用领域，三维人脸表情识别技术因科学挑战和应用潜力已经受到人们的广泛关注。传统的人脸表情识别算法借助向量这一数据表示来刻画各类表情特征，虽然能取得较好的识别效果，但是会造成人脸表情数据样本的空间结构信息丢失，而且会因为维数过高而产生小样本与维数灾难问题。为解决此问题，本书引入高阶张量这一数据表示，并提出基于张量分解理论的三维人脸表情识别算法。一方面，借助张量的高阶表示，充分保留了三维人脸表情的空间结构信息；另一方面，借助张量稀疏低秩分解来刻画人脸表情特征中的相似性，实现数据有效降维；最后借助当前流行的大规模优化理论与方法，建立稀疏低秩张量优化模型，进而设计高效稳定的三维人脸表情识别算法。

　　本书首次提出了基于张量稀疏低秩分解的三维人脸表情识别理论框架。其中，张量建模思想与稀疏低秩张量分解技术，属于三维人脸表情识别方法论上的一个新技术。另外，高效求解这一稀疏低秩张量优化模型，设计快速稳健优化算法，需要深入分析相应的高阶张量优化理论，其研究结果将丰富在三维人脸表情识别中的大规模优化理论的研究内容与最优化理论。

　　全书共分为六章，分别如下：

　　第一章主要介绍所研究的课题的背景与意义、人脸表情识别研究的发展历史，重点对国内外研究现状进行了介绍，对三维人脸表情特征提取方法进行总结与分析。

第二章基础知识部分，为后面的主体章节做铺垫。主要介绍了张量理论和张量子空间模型及张量低秩表示理论、流形学习和基于张量学习的图嵌入框架。

第三章提出了一种基于低秩张量完备性（FERLrTC）的张量分解算法，并运用于2D+3D人脸表情识别。

第四章提出了一种基于先验信息（OTDFPFER）的正交张量补全算法，并运用于2D+3D人脸表情识别。同时对复杂度与收敛性进行了分析。

第五章提出了两种正交张量分解算法，并运用于2D+3D人脸表情识别。

第六章主要对所做的工作进行总结并对未来的工作进行展望。

本书由石家庄学院符蕴芳编写，宋宇斐老师校对。由于时间仓促，书中难免有疏漏和不当之处，敬请读者批评指正。

目　录

常用符号 ·· 1

1　绪论 ·· 3
  1.1　课题背景和意义 ·· 3
  1.2　人脸表情识别研究的发展历史 ··· 4
  1.3　国内外研究现状 ·· 7
    1.3.1　三维人脸表情特征提取方法综述 ····································· 8
    1.3.2　三维人脸表情特征提取方法总结与分析 ··························· 16
    1.3.3　三维人脸表情常用分类方法 ·· 16
    1.3.4　常用三维人脸表情数据库 ··· 18
  1.4　研究内容与研究方法 ·· 21
  1.5　本章小结 ··· 22

2　张量理论与流形学习 ··· 23
  2.1　张量理论 ··· 23
    2.1.1　张量 ·· 23
    2.1.2　张量代数 ·· 24
    2.1.3　张量分解理论 ·· 28
    2.1.4　基于Tucker分解的降维算法 ··· 30
    2.1.5　张量子空间模型 ··· 32
    2.1.6　张量低秩表示 ·· 35
  2.2　流形学习与图嵌入框架 ·· 40
    2.2.1　流形与流形学习 ··· 40

  2.2.2 基于张量学习的图嵌入框架 ·················· 43
 2.3 本章小结 ······································ 48
3 基于低秩张量完备性的张量分解 ······················ 49
 3.1 引言 ·· 49
 3.2 算法背景 ······································ 50
  3.2.1 张量低秩表示 ······························ 50
  3.2.2 张量稀疏表示 ······························ 50
 3.3 算法介绍 ······································ 51
 3.4 FERLrTC 算法的模型优化及求解 ···················· 52
  3.4.1 低秩张量完备性的优化模型的建立 ·············· 52
  3.4.2 低秩张量完备性的优化模型的求解 ·············· 53
  3.4.3 秩降低策略 ································ 58
 3.5 FERLrTC 算法的分析 ···························· 59
  3.5.1 FERLrTC 算法的复杂度 ······················ 59
  3.5.2 FERLrTC 算法的收敛性 ······················ 59
 3.6 FERLrTC 算法的实验评价 ·························· 61
  3.6.1 实验环境与实验步骤 ························ 61
  3.6.2 实施细节 ·································· 61
  3.6.3 在 BU-3DF 数据库上的实验结果 ················ 65
  3.6.4 在 Bosphorus 数据库上的实验结果 ·············· 74
  3.6.5 合成数据对 FERLrTC 算法的验证 ················ 76
 3.7 对 FERLrTC 算法的讨论 ·························· 79
  3.7.1 基于特征融合的 4D 张量模型的有效性 ············ 80
  3.7.2 特征描述符的选择 ·························· 81
  3.7.3 秩降低策略的有效性 ························ 82
 3.8 本章小结 ······································ 83

4 基于先验信息的正交张量补全 ················· 84

4.1 引言 ······························· 84
4.2 算法背景 ··························· 84
4.2.1 正交的 Tucker 分解 ················ 84
4.2.2 图嵌入正则化框架 ················· 85
4.3 算法介绍 ··························· 86
4.4 OTDFPFER 算法的模型优化及求解 ·········· 86
4.4.1 OTDFPFER 算法的优化模型的建立 ······· 87
4.4.2 OTDFPFER 算法的优化模型的求解 ······· 88
4.5 OTDFPFER 算法的分析 ·················· 92
4.5.1 OTDFPFER 算法的复杂度 ············· 92
4.5.2 OTDFPFER 算法的收敛性 ············· 92
4.6 OTDFPFER 算法的实验评价 ··············· 93
4.6.1 实验设计 ······················ 94
4.6.2 在 BU-3DFE 数据库上的实验结果 ········ 94
4.6.3 在 Bosphorus 数据库上的实验结果 ······· 102
4.7 本章小结 ··························· 107

5 正交张量 Tucker 分解算法 ·················· 108

5.1 正交低秩 Tucker 分解算法 ················ 108
5.1.1 引言 ························· 108
5.1.2 算法背景 ······················ 109
5.1.3 OLRTDFER 算法的优化模型及其求解过程 ···· 110
5.1.4 OLRTDFER 算法的实验评价 ············ 116
5.2 稀疏正交 Tucker 分解算法 ················ 119
5.2.1 引言 ························· 119
5.2.2 张量稀疏表示 ··················· 120

- 5.2.3 SOTDFER算法的优化模型及其求解过程 ················ 120
- 5.2.4 SOTDFER算法的实验评价 ······························ 124
- 5.3 本章小结 ·· 130
- 6 结论 ·· 132
  - 6.1 前期工作总结 ·· 132
  - 6.2 未来工作的展望 ··· 134
- 参考文献 ··· 135

常用符号

符号	描述
$\mathcal{X}, X, x$	张量、矩阵、向量
$\mathcal{X}_{(n)}, \mathcal{X}_{(n,i)}, \mathcal{X}_{i_1 i_2 i_3}, \mathcal{X}^{(n)}, \mathcal{X}_{-n}$	张量 $\mathcal{X}$ 的模-n 展开、模-n 展开的第 i 行、第 $i_1 i_2 i_3$ 项元素、第 n 个张量、去掉模-n 的其他模的展开（即 $\mathcal{X} \times_1 U_1^T \times \cdots \times_{n-1} U_n^T \times_{n+1} U_n^T \times \cdots \times_N U_N^T$）
$\mathcal{A} \times_n B$	张量 $\mathcal{A}$ 与 B 矩阵的第 n 模乘
$\mathcal{G}, U_n, (n=1,\cdots,N), \mathcal{G}^{[t]}, U_n^{[t]}$	前两项为核张量与因子矩阵，后两项为它们对应的第 t 次迭代
$\mathcal{G} \prod_{k=1}^{N} \times_k U_k$	全模积，$\mathcal{G} \times_1 U_1 \times_2 U_2 \times \cdots \times_N U_N$
$\otimes_n U_n$	n 个因子矩阵的 Kronecker 积，$U_1 \otimes U_2 \otimes \cdots \otimes U_n$
$\otimes$	Kronecker 积
$\odot$	Hadamard 积
$\circ$	外积
$\langle \mathcal{X}, \mathcal{Y} \rangle$	两个张量 $\mathcal{X}$ 与 $\mathcal{Y}$ 的内积
Ω	观察项的索引集
$\bar{\Omega}$	Ω 的补集
$\mathcal{M}^n$	模-n 展开张量的行的集合（详见式 3-23）
$\mathcal{M}_\perp^n$	$\mathcal{M}^n$ 的补集

续表

符号	描述
$\|\cdot\|_F$	Frobenius 范数
$\|\cdot\|_*$	核范数
$\|\cdot\|_0$	零范数
$\|\cdot\|_1$	一范数
$\|\cdot\|_2$	谱范数

1 绪论

1.1 课题背景和意义

人脸表情是人与人之间相互传递信息并进行情感交流与表达情绪的最有效、最自然、最突出的方式。非语言沟通信息也能通过表情进行传递。心理学家 Mehrabian[1] 认为,有效的沟通等于大约 55% 的表情 +38% 的语调 +7% 的语言。而人脸的表情变化是通过人脸特定部位的相对位移或人脸的形状变化来进行表征,最后依据这些表征的特征对人脸表情进行分类识别。

人脸表情识别是情感计算的重要组成部分之一。它专注于使计算机理解人的情绪状态,同时对该状态传递的情绪信息做出适当的反应。为了更好地诠释人脸表情,并且能进一步对人脸表情进行分析与识别,人脸表情识别不仅需要支持人脸表情的视觉计算的理论与方法,如模式识别、图像处理和计算机视觉等,而且还需要生理学、心理学等基础学科的理论。与此同时,人脸表情识别产生的系列问题和解决也有力地促进了相关学科的进一步发展。因此,人脸表情识别是情感计算领域和生物特征识别的一个重要的研究课题,并成为国内外人工智能、模式识别和计算机视觉领域的一个研究热点[2-6]。

人脸表情识别有广泛的应用前景:①人机交互方面的应用。它能通过计算机理解从而识别人脸表情的变化并及时提供自然友好的人性化服务。② 娱乐方面的应用。通过计算机识别用户的表情变化后,它能推出相应的娱乐服务。比如,用户疲惫时,计算机能识别出该表情并播放轻松的音乐让用户放松或休息。③ 医学领域方面的应用。作为一种辅助手段，人脸表情识别不但可以帮助诊断如人脸神经瘫痪等疾病，而且还可以通过表情识别器对于四肢受限或声带受损的病人提供 24 小时人脸表情监控和检测，一旦检测到痛苦的表情，则发生警报。④ 心理学等领域的应用。人脸表情识别通过计算机了解人类的心理状态，帮助治疗情感精神方面的疾病，比如孤僻症。⑤ 商业领域的应用。通过计算机理解客户对广告、产品、服务等情绪上的反应，帮助商家在市场开发、商品设计、服务等方面进行相应的调整。另外，人脸表情识别在虚拟表情模拟、安全驾驶检测、图像理解、智能监控、虚拟现实、人脸图像合成与动画制作、视频索引等方面有着广泛的应用。

人脸表情识别是一个交叉学科，不仅涉及人工智能、模式识别、图像处理、计算机视觉等方面的理论知识，还涉及社会学、行为学、心理学、生理学、计算机科学等多个研究领域，因此对其涉及的研究领域具有重要的指导意义。

但是，让计算机理解并识别其交流对象的人脸表情，是一项非常困难并具挑战性的难题。其困难主要表现在：具有塑性变形体特点的人脸表情模型的建立，对丰富且瞬息万变的表情进行实时自动识别，数据采集技术的限制等等。这些困难制约了人脸表情识别研究的发展，同时人脸表情识别还涉及多学科的发展，其中大部分学科本身就处于探索阶段，理论和方法仍有待完善。

1.2 人脸表情识别研究的发展历史

人类的人脸表情的分析可以追溯到 1872 年[7]。在 1872 年达尔文发表的文章[8]中系统提出任何国籍和种族的人类都使用相同的表情来表达同样的情感的观点，这为之后使用计算机进行标准人脸表情识别打下了理论基础。在沉寂了将近 100 年后，最具代表及典型性的标志性工作是 Ekman 将所有文明以及所有人种共同使用的一系列通用表情与其心理情感状态联系起来的论断[9]。这一系列通用表情概括起来有 6 种，分别是：气愤、厌恶、恐惧、高兴、沮丧和惊讶[10]，如图 1-1 所示。此后，人脸运动单元编码系统（Facial Action Unit Coding System，FACS[11]）被 Ekman 和 Friesen 共同提出，并且将 FACS 定义了 44 个不同的运动单元（Action Unit，AU），这些运动单元被编码员进行组合，几乎能够手动编辑人类可以做出的表情。因此，FACS 被广泛运用于心理学分析和动画制作领域。目前，FACS 已经成为对人脸表情进行系统分析和表征人脸表情的标准。

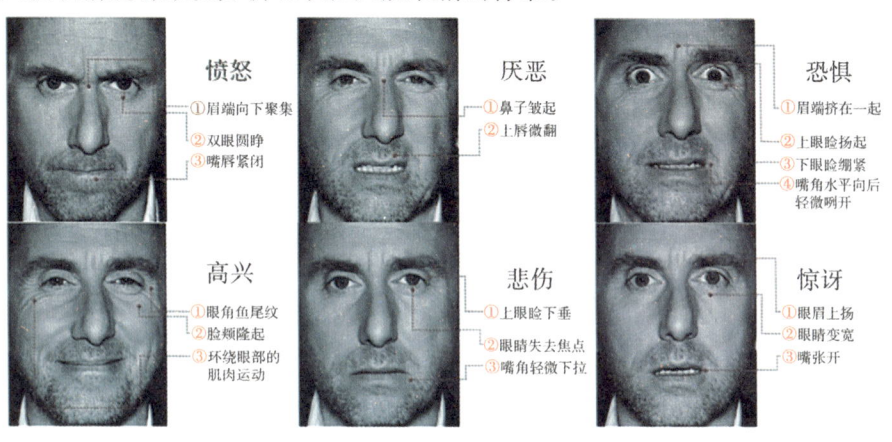

图 1-1　Ekman 提出的六种基本人脸表情

　　1978 年，基于跟踪人脸 20 个特征点的运动模式的方法来分析人脸表情被 Suwa[12]等提出，这是第一次尝试使用自动过程来分析人类表情和情感，并首次将人脸表情识别问题引入计算机视觉领域。目前，人脸表情识别的研究已有 30 多年的历史。随着人们对人脸表情的深入理解和计算机软硬件的快速发展，基于计算机技术的人脸表情识别研究受到了国内外人工智能、计算机视觉和模式识别等领域研究人员的日益关注。

　　迄今为止，研究人员尝试着用各种方法来通过人脸表情的视频序列和静态表情图片来分析人脸表情并对其进行分类识别，期间取得了大量的研究成果。早期大多数的人脸表情识别研究方法是基于 2D 人脸图像（如图 1-2

所示）或视频。尽管取得了重大进展，二维方法仍然无法解决光照和姿态变化的问题[13]。虽然尝试着使用红外人脸图像来解决光照问题[14]，但是在非受控状态下，红外图像通常不能捕捉细微的人脸变形，例如皮肤皱纹[15]，而且对佩戴眼镜的效果也比较敏感。

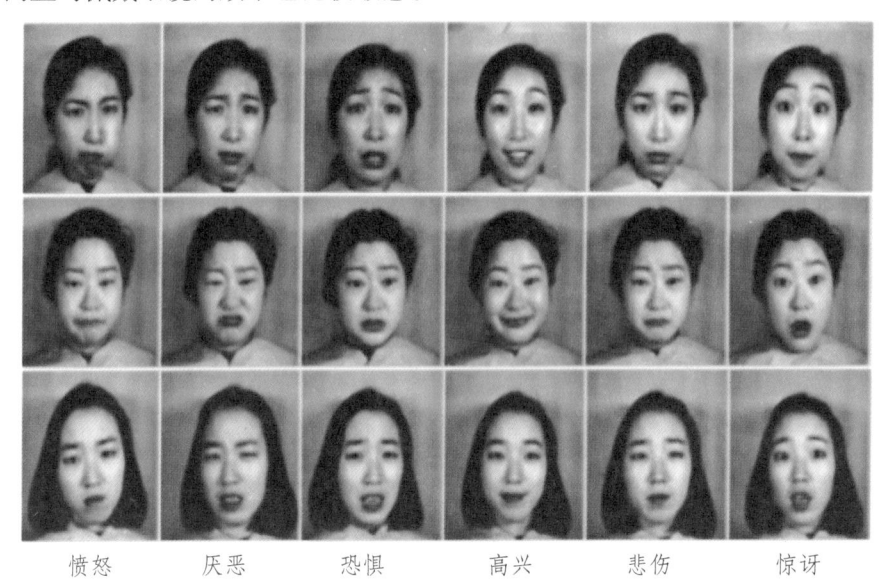

图1-2 来自 JAFFE 表情数据的6种基本表情图像样本

随着三维成像和扫描技术的快速发展，使用三维人脸扫描的人脸表情识别已经引起了越来越多的关注[16-17]。这主要是因为3D人脸对照明和姿态变化是鲁棒的。此外，人脸肌肉运动引起的3D人脸形状变形包含区分不同表情的重要线索。这使得三维模型可以很好地解决二维图像所面临的研究困境，从而改善人脸表情识别结果。然而基于三维模型的人脸表情识别的研究由于起步较晚，并且受限于三维人脸表情数据的采集设备和采集技术，导致它的研究进展较为缓慢，直到2006年三维人脸表情数据库BU-3DFE数据库的公开。然而，即使目前有 BU-3DFE 数据库等能公开使用的三维人脸表情数据库，全自动采集三维人脸点云数据并获取其中的表情特征进行实时人脸表情分类识别，仍然成为影响人机交互的障碍之一。

1.3 国内外研究现状

目前国内外对三维人脸表情识别的研究非常活跃，美国、澳大利亚、法国、德国、荷兰、加拿大、日本、韩国、新加坡、土耳其等国家都设有专门的研究组进行这方面的研究。相应地，我国也成立了研究组，并设立了一些国家重点实验室对其产生的问题进行研究。加州福尼亚大学、佛罗里达州立大学、斯坦福大学、宾汉姆顿大学、卡内基梅隆大学、东京大学等为国外较为有名的研究机构，北京交通大学、北京航空航天大学、西安交通大学、哈尔滨工业大学、天津大学、中国科学院、浙江大学等国内有名的大学都对三维人脸表情识别进行了研究。几篇有关该课题的综述更是全面而详细地总结了该领域的研究成果[17-19]。

当前三维人脸表情识别的研究方法归结为两大类：基于三维人脸表情序列的方法（动态）和基于三维人脸表情模型的方法（静态）。前者是对单个样本的连续的表情变化的序列进行采集并组合成一组数据，然后将多个样本组合的数据形成数据库，以此为基础提取其有效特征用来实现人脸表情识别。后者是采集每个样本的瞬间人脸表情，产生的数据作为此样本的三维模型，接着将多个样本的不同表情组成的三维模型数据库作为源数据，并以此为基础提取有效的特征实现人脸表情的分类识别。通过这两种方法的比较，基于三维人脸表情序列的三维人脸表情识别因需要采集完整的表情发生过程，因此时间长，计算量大，应用较复杂。而基于三维人脸表情模型的方法需要的时间短，计算量较小，实现更为容易。尽管如此，一些科研人员偏重于采用基于三维人脸表情序列的方法[20-23]，但是，基于综合考虑时间、计算量与应用性等诸多因素，更多的研究人员往往采用基于三维人脸表情模型方法。本书的工作主要采用三维人脸表情模型进行深入的分析与研究，因此，此后提到的三维人脸表情指的都是三维人脸表情模型。

一个典型的三维人脸表情识别系统（Facial Expression Recognition, FER）一般包括三个环节：首先进行三维点云数据的采集与预处理，接着从三维点云数据中提取表情特征，最后是设计分类器及对三维人脸表情的分类决策，如图 1-3 所示。第一步是根据采集到的三维点云数据进行去噪、平滑、补洞、矫正姿态、裁剪与归一化处理，从而最终得到正面人脸的区域。第二步提取三维点云数据中的有效特征。这是人脸表情识别中的重要步骤，并影响着最终的分类性能。提取的特征方法又分为单特征、多特征和特征融合三种方法。第三步是分类器设计及人脸表情的分类识别。选择分类器并进行合理设计，再根据提取的表情特征和输入的待测试人脸表情特征送入分类器进行训练与预测。目前，许多研究大部分集中在三维人脸表情识别的第二步，即特征提取方面。因此，本文也是对此这问题进行展开研究。

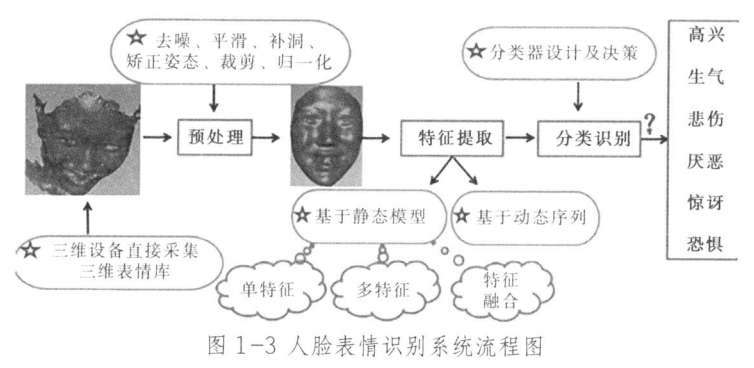

图 1-3 人脸表情识别系统流程图

1.3.1 三维人脸表情特征提取方法综述

特征提取是人脸表情识别算法系统中最重要的部分，同时也是人脸表情识别中最困难的一步，它在极大程度上决定着分类识别正确率和算法的效率。因此，选择合适的特征提取算法至关重要。通过近 30 年的三维人脸表情识别研究，国内外的学者针对三维人脸表情特征的提取提出了许多的算法。我们根据这些算法中所提取的三维人脸表情特征的属性，将三维人脸表情识别的研究分为以下几个方向：基于特征的方法研究、基于模型的方法研究以及基于深度学习的方法研究。在此小节中，我们将介绍这几种方向的研究方法,并在下一小节中对它们进行分析与总结。

1.3.1.1 基于特征的方法

基于特征的方法通常可以分为以下几种方法:基于几何特征的方法[24-26]、基于局部 patch 的特征提取方法[27-28]、基于二维映射图像的方法[29-33]。

基于几何特征的方法是通过对人脸局部器官(如眼睛、嘴巴等)发生的形变和位移进行定位、度量,最后提取其大小、形状及相互间的比例关系等作为人脸表情的特征并用于表情识别。Sha 等人[26]首先计算三维点云上 83 个特征点之间的距离(如图 1-4 a 所示),获得人脸特征 GLF(Geometrically Localized Features),再通过一种新的归一化基于裁剪的过滤算法(Normalized Cut-based Filter,NCBF)计算表面曲率特征,最后两种特征进行融合用来分类识别,获得 83.5% 的平均人脸表情识别率。

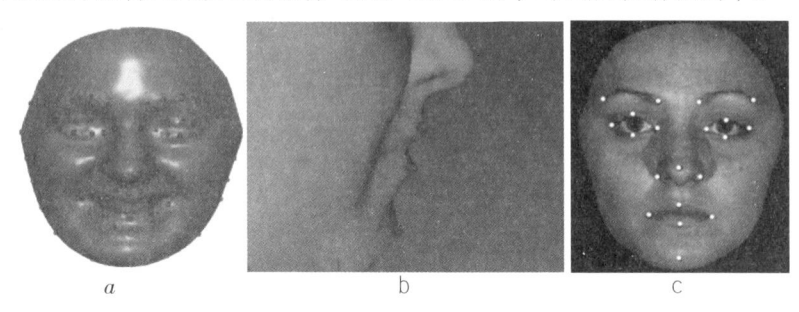

图 1-4 提取的几何特征

注:a BU-3DFE 数据库中样本 F0001 的三维人脸上 83 个关键点的分布图,b 上下唇及下巴点的特征点 [25],c 三维点云、深度图像以及三维点云对应的二维特征图像上分别自动获取 20 个特征点 [25](b 和 c 图片来自文献 [25])

文献[25]采用了 2D+3D 的人脸表情的特征点提取算法。该算法在深度图像、三维点云和三维点云映射到二维平面生成的二维图像上分别自动获取特征点,并将深度图与生成的二维图像的特征点映射到三维点云上(如图 1-4 b、c 所示),以此获得更多特征点的方法。这些特征点最后经过三维欧氏距离的计算组成特征向量,并用于人脸表情分类。Li 等人[35]提出将可用于描述人脸上发生的相对位移的传统距离特征与表征表情变化引起的人脸形变信息夹角特征相融合,实现对人脸表情更精准的描述，能够有效地改善三维人脸表情的识别结果。

基于局部 patch 提取特征的方法是通过三维人脸上的一些关键点的周围的小块区域的属性，以获取人脸局部形状信息作为表情特征用来识别人脸表情。Ujir 等人[27]认为与使用三维人脸上采集到的点相比，通过其三角形网格中的相邻点而生成的表面法线更能准确地描述人脸表情变化。(如图 1-5 所示) 因此，表面法线作为三维人脸表情特征被用来识别人脸表情。

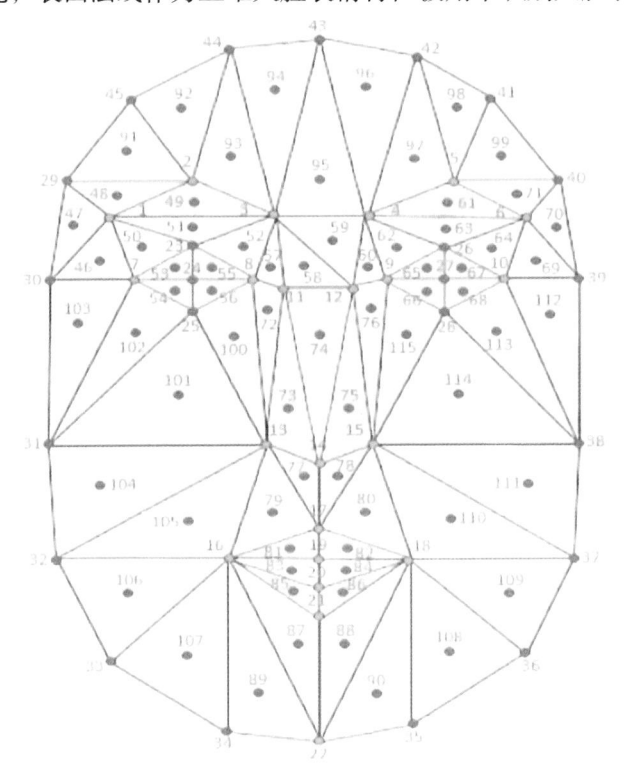

图 1-5 局部 patch 特征的提取

注：一个用 Delaunay 三角剖分的 115 个三维人脸点集构成的三维脸[27]

(图片来自文献[27])

文献[28]提出了一种人脸表面局部几何形状分析方法，该方法结合机器学习技术进行人脸表情分类。首先，该方法利用黎曼框架计算在形状空间中对应 patch 之间的测地线路径长度，然后，将这些关于它们相似度的定量信息作为几种分类方法的输入。最后，利用多增压分类器和支持向量机（Support Vector Machine，SVM）分类器对 BU-3DFE 数据库中 6 种人脸表情进行分类，实验结果证明了该方法的有效性。

  Li 等人[34]提出基于多阶梯度的局部纹理和形状描述符的三维人脸表情识别算法。首先，该方法利用一种新的算法即递增并行级联线性回归（incremental Parallel Cascade of Linear Regression，iPar CLR）对二维人脸图像和三维人脸扫描的大量基准人脸标记点进行局部化。然后，采用一种新的基于二阶梯度的直方图（Histogram of Second Order Gradients，HSOG）局部图像描述子，结合广泛使用的一阶梯度的 SIFT 描述子来描述每个二维标记点周围的局部纹理。同样，每个三维标记点周围的局部几何由两种新的局部形状描述符描述，即网格梯度的直方图（Histogram of mesh Gradients，meshHOG）和网格形状指数的直方图（Histogram of mesh Shape index，meshHOS），分别使用一阶和二阶曲面微分几何量构造。最后，将基于支持向量机的所有二维和三维描述符的识别结果在特征级和分数级进行融合，进一步提高识别的准确率。

  与上面两种方法相比，国内外的学者相对热衷于采用基于二维映射图像的方法。这种方法的研究历时较长，因此，二维映射图像的处理和分析算法的理论体系相对更加完善。该方法的思路是将三维人脸数据投影到二维平面获得二维映射图像后，再进行特征提取的算法研究（如图 1-6 所示），最后提取的特征用来识别人脸表情。该方法的优点是可以将三维人脸模型的分析直接转变成一些传统的二维图像处理算法处理，因此，该方法受到了研究人员的广泛的关注。文献[32]提出了一种基于几何散射表示的三维自动测距方法。该方法首先采用法向量映射（Normal Maps，NOM）和形状索引映射（Shape Index Maps，SIM）来综合描述人脸的几何属性，然后引入散射算子进一步突出这些映射与表情相关的线索，从而构建用于分类的三维人脸几何散射表示。

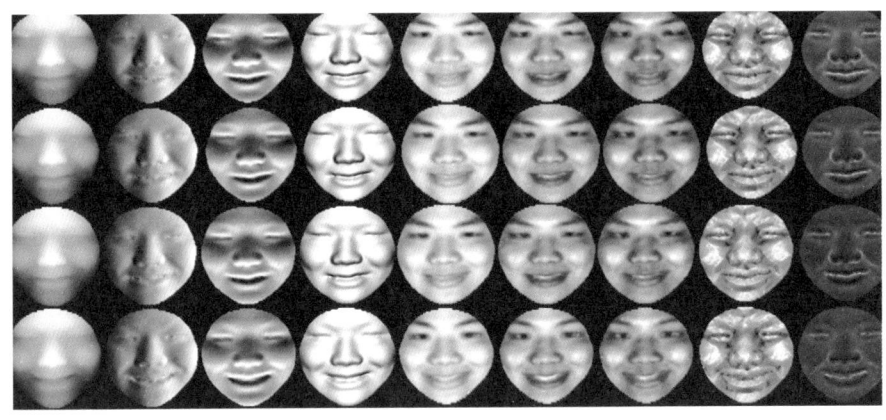

图1-6 BU-3DFE数据库上样本M 039的1~4级强度表情的三维人脸进行二维映射的图像
注：从左到右依次为：深度图、3个方向的法向映射（x、y和z）、3通道的纹理映射（RGB）、曲率映射和平均曲率（从第一行到第四行：强度1到强度4）

Savran等人[36]在几何（3D）和亮度数据（2D）的Gabor特征的组合集合上选择特征，以用于独立于主体的动作单元（AU）检测，这些AU在人脸动作编码系统中进行了定义。然后将几何数据从三维原始点云数据映射到二维平面，生成深度特征、形状索引特征、平均曲率特征和高斯曲率特征，接着将这些特征生成Gabor特征后，分别进行单特征融合和多特征融合，最后在Bosphorus数据库上进行验证测试。

Wei等人[37]提出了基于正则化最优传输的无监督域自适应多模态2D+3D人脸表情识别的方法。该方法首先通过3D纹理人脸的几何和纹理属性映射，生成的6种二维人脸映射组成的训练样本和测试样本由Wasserstein距离来度量之间的分布不一致性，然后最小化这个Wasserstein距离来寻找一个从训练样本到测试样本的最优传输映射，通过这个映射，原始的训练样本能够转换到一个新的空间，使训练样本和测试样本的分布可以很好地对齐。最后从转换后的训练样本中学习到的分类器用于测试样本中进行表情预测。该方法引入熵正则化有效地求解近似最优传输问题，并且使用组稀疏正则化器强制将来自同一表情类别的训练样本映射到同一组。该方法在BU-3DFE和Bosphorus数据库上进行了数值实验，并取得了较好的性能。

1.3.1.2 基于模型的方法

基于模型的方法也是三维人脸表情识别中的一个研究热点[38-40]。通用模型、形变模型等不同形式的模型被用于三维人脸的拟合,以获取三维人脸针对不同样本、不同表情所发生的变化。这种方法可以使不同的三维人脸都具有统一的拓扑结构,便于三维人脸表情特征的提取和识别人脸表情。文献[38]提出了一种基于肌肉运动模型(Muscular Movement Model,MMM)(如图 1-7a 所示)的三维人脸表情特征提取方法。该方法首先自动分割肌肉区域,然后采用坐标、法线和形状索引组成一个强大的特征集来捕捉形状特征,最后使用遗传算法生成肌肉区域的最优权重集,并采用 SVM 进行三维人脸表情识别。

Demisse 等人[41]提出了基于变形的表示模型(如图 1-7b 所示)。该方法首先把一个三维人脸表面采样为一组人脸径向曲线,然后将采样后的人脸曲线表示为矩阵李群的一个元素。接着,通过获得人脸曲线表示的直积后,定义了一个用于识别一组人脸曲线与高维矩阵李群的元素的映射函数,然后用一个中性人脸上的一个活动来表示人脸表情。该方法提出名为李群的表示空间将表情空间建模为一个非线性空间来捕捉面部表情的非线性变化。同时,通过将表情表示从李群映射到李代数来将所提出的表示线性化。最后通过传统的线性模型在表示上进行训练进行三维人脸表情识别。

形变模型(Statistic Facial Feature Model,SFAM)被 Zhao 等人[42]同样采用,并且用来提取特征。首先人脸模型上的关键点被手动提取,接着结合 SFAM 模型与提取的这些关键点,然后这些关键点的坐标信息进行提取,同时获取从这些关键点的局部方格中的纹理参数、形态参数以及灰度值,最后对纹理参数和灰度值进行 LBP 编码形成最终的表情特征。

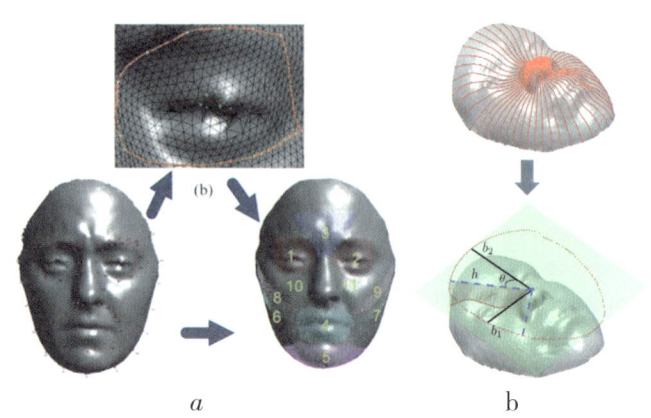

图1-7 基于模型的方法：
a 运动的肌肉模型（MMM）[38]（图片来自文献[38]）
b 基于变形的表示模型[41]（图片来自文献[41]）

1.3.1.3 基于深度学习的方法

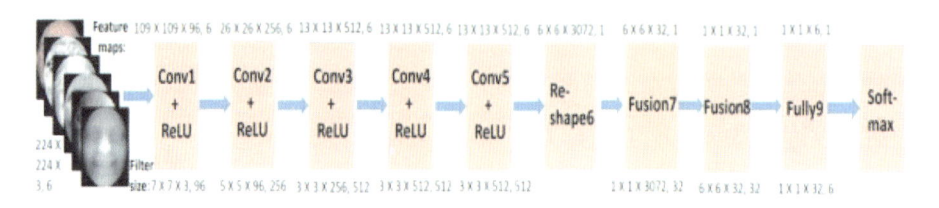

目前，基于深度学习的方法日益受到研究人员的关注，并在人脸表情识别中进行了广泛的推广[43-46]。深度学习[47]的概念源于人工神经网络的研究。含多隐层的多层感知器是目前采用最多的深度学习结构。这种结构通过组合低层特征形成更加抽象的高层表示属性类别或特征，以发现数据的分布式特征表示。Li等人[48]提出了一种用于多模式2D+3D人脸表情识别（FER）的新型高效深度融合卷积神经网络（Deep Fusion Convolutional Neural Network，DF-CNN）（如图1-8a所示）。DF-CNN包括特征提取子网，特征融合子网和softmax层。每个纹理化的3D人脸被表示为二维映射的人脸属性图，即几何图，三个法线图，曲率图和纹理图，并共同送到DF-CNN进行特征学习和融合学习，从而得到高度集中的人脸表示。

a

b

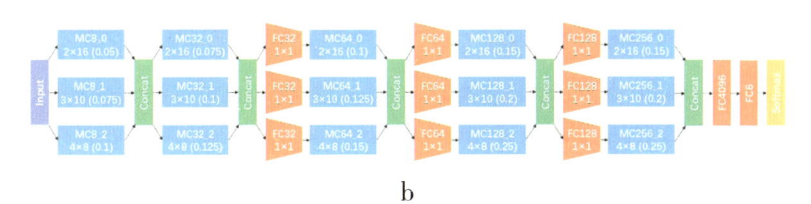

图 1-8 基于深度学习的方法：
a 深度融合卷积神经网络（DF-CNN）的体系结构[48]（图片来自文献 [48]）
b 快速和简便的流形卷积神经网络（FLM-CNN）的体系结构[43]（图片来自文献 [43]）

文献 [43] 提出了一种基于快速、简便的流形卷积神经网络模型，即 FLM-CNN（Fast and Light Manifold Convolutional Neural Network）的三维人脸表情识别方法（如图 1-8b 所示）。FLM-CNN 采用了基于人眼视觉的池化结构和多尺度编码策略来增强几何表示，突出了表情的形状特征，并且运行效率高。在此基础上，该文献还提出了一种基于采样树的预处理方法，当该方法应用于三维人脸表面时，大大节省了存储空间，并且对原始数据没有很大的信息损失。该方法在 BU-3DFE 数据库进行了大量的实验，并取得了较好的效果。

文献 [46] 结合人脸注意机制和深度网络，提出了一种实现 2D+3D 人脸表情识别的基于人脸注意的卷积神经网络（Facial Attention Convolutional Neural Network，FA-CNN）统一框架。人脸神经网络自动定位多模态表情图像中具有鉴别能力的人脸部位，无需额外的标记标注，可以进行端到端训练。生成的有鉴别性的人脸部分特征最后被送入特别的分类器 C 来进行表情预测。

Trimech 等人[49] 提出了一种利用深度神经网络（Deep Neural Networks，DNN）进行数据增强的新方法。该方法使用一致性点漂移（Coherent Point Drift，CPD）非刚性配准来生成额外的三维人脸数据来传达各种表情。该方法首先选择一组由任意选择的中性脸定义的不同参考脸，然后，将 CPD 非刚性配准应用于每个选择的中性脸和每个三维人脸模型之间，其中三维人脸模型来自 BU-3DFE 数据库并带有不同表情。在配准过程中，对参考人脸（三维中立脸）和目标人脸（带表情的三维脸）进行三维弹性变形估计，通过转换参考人脸和目标人脸来生成不同的三维表情，收集生成的三维表情来扩充数据集。最后，利用一个DNN架构来评估该方法的有效性。

1.3.2 三维人脸表情特征提取方法总结与分析

通过上小节对三维人脸表情识别的研究方法进行综述，可以发现现有的三类研究方法很好地推动了三维人脸表情识别的研究。针对现有的这三类方法，以下进行详尽的分析、总结与对比：

（1）基于特征的方法。该方法中基于几何特征的方法很大程度上减少了输入的数据，但同时也存在一些问题：三维人脸上关键点的准确自动定位、用有限的关键点来描述整个人脸表情，将导致人脸上一些局部信息的丢失。上面这些问题目前仍然需要进一步的解决。与基于几何特征比较，基于局部patch的特征提取方法根据关键点附近的局部区域属性有效地获取人脸局部形状信息，在一定程度上减少了人脸表情信息的丢失，但是，是否有可分性与代表性的关键点的选取，其关键点的附近区域的选取还需进一步的分析与设计；而基于二维映射的图像方法虽然将三维人脸表情识别问题转化成二维图像进行处理，但是二维映射后的人脸图像是否仍然能完整地保留三维人脸表情变化的固有属性，还需进行深入的探讨。

（2）基于模型的方法。此方法也可以有效地获取人脸局部发生的表情变化信息。但它的主要缺点在于它们需要在人脸之间建立密集的对应关系，这仍然是一个具有挑战性的问题。在实践中，密集的三维人脸配准和模型拟合等过程往往是高计算量的，而且通常是不可或缺的。

（3）基于深度学习的方法。该方法比较新颖，能够高效地获取人脸局部发生的表情变化信息。但它的主要缺点在于样本数大、维度高，导致复杂度高、耗时长，这仍然是一个具有挑战性的问题。

1.3.3 三维人脸表情常用分类方法

提取三维人脸表情特征后，需要对分类器进行设计及对提取的表情特征分类处理来确定表情的类别。分类器性能的优劣直接影响表情识别效果的好坏。常用的分类器包括K-近邻分类器、支持向量机[50]、贝叶斯分类器[51]、人工神经网络[52]、稀疏表示分类[53]等。

（1）K-近邻分类器。K-近邻法最初由T.M、Cover和P.E.Hart提出的，是一种传统的基于实例的分类方法。其主要思想是定义样本之间的距离或者相似度函数，来确定样本类别。其经常采用向量空间模型，并且用基于距离相似度方法来衡量样本之间的相似性。常用的距离函数有：夹角余弦函数、马氏距离、欧几里得距离和相关系数等。当 $k=1$ 时，就是最近邻分类器。

（2）支持向量机。支持向量机是一种基于统计学习理论的新型的通用学习方法，它建立在统计学习理论的VC维（Vapnik-Chervonenkis Dimension）理论和结构风险最小化原理的基础上，根据有限样本信息在模型的复杂性和学习能力之间寻求最佳折中。近年来，支持向量机在解决非线性、高维数据和小样本的分类问题上得到了广泛的应用[54]。对于非线性的支持向量机，其主要思路是将原始低维空间通过核函数映射到高维空间，然后在高维空间完成分类。目前，支持向量机也被广泛应用于人脸表情识别中。

（3）人工神经网络。它能够模拟人脑神经系统，其基本处理单元是人工神经元，该人工神经元可以直接表示原始数据的特征，也可以是间接经过降维或滤波处理后的特征。人工神经网络具有自组织、自学习和很强的联想、容错能力。在对人脸表情分类时，一般使网络的输出节点与基本表情类别或者脸部运动单元序号相对应。参数较多难以调整，训练时间长为人工神经网络的主要缺点。

目前，基于深度学习的方法在分类上使用最多的为卷积神经网络（Convolutional Neural Networks, CNN）[55]和深度信念网络（Deep Belief Networks, DBN）[56]。这两种神经网络来源于人工神经网络的研究。前者是一种前馈神经网络，包含特征提取和特征映射两部分。特征提取是由一个神经元只与上一层的部分神经元连接的卷积层与可以降低数据的维度以避免过拟合的下采样层组成。特征映射主要用在回归或分类的全连接层。深度信念网络由一系列受限玻尔兹曼机（Restricted Boltzmann Machine,

RBM）叠加而成。训练整个深度信念网络主要包含两步：无监督预训练和有监督微调。无监督预训练时首先采用自下而上的方式将下层受限玻尔兹曼机输出作为上层受限玻尔兹曼机输入，然后通过无监督贪婪逐层算法单独训练每一层受限玻尔兹曼机。最后一般采用梯度下降法对网络进行微调。

（4）其他的分类器。Sebe 等人采用朴素（Naive）贝叶斯分类器来对表情进行分类，并证明将特征分布的假设由高斯分布改为柯西分布可以提高分类的性能。Cohen 等人[57] 在柯西分布的贝叶斯分类器基础上，使用高斯树状分类器对特征之间的从属性进行建模，并进一步讨论了如何使用无标签的样本来训练贝叶斯网络分类器，从而在有标签样本数较少的情况下提高分类器的性能。最近又提出了稀疏表示分类（Sparse Representation-based Classification, SRC）[53]。Zhang 等人[58] 在改进 SRC 方法的基础上提出了协同表示分类（Collaborative Representation-based Classification, CRC），并用于人脸识别。Lin 等人[30] 利用 Naïve Bayes，random forest 和 logistic regression 分类器对 DF-CNN 提取的特征进行表情分类。

1.3.4 常用三维人脸表情数据库

（1）BU-3DFE 数据库。BU-3DFE[59] 数据库由美国宾汉姆顿大学于 2006 年发布，是第一个系统搜集三维人脸表情数据的数据库，在三维人脸表情识别研究中的使用最为广泛。该库使用 3DMD 系统，采用 6 个固定角度的摄像头同步采集图像获取三维人脸。由于实验对象人脸大小不同，获得的人脸数据范围为 20000 到 35000 多边形。该数据库包含 100 个大多是该校的心理系学生的实验对象（56 个女性，44 个男性），年龄范围在 18 到 70 岁之间，包含中东、东亚、白人、黑人、印度以及拉丁裔人等不同人种。对每个人采用中性脸和 6 种基本表情（如图 1-9 所示）的几乎正面的人脸姿态，其中每种表情包含 4 种表现强度，因此，该库中共有 2500 个三维人脸表情样本。该数据库还包括每个三维点云上人工标注的 83 个特征点。该库未提供 AU 标注。

（2）BU-4DFE 数据库。BU-4DFE[60] 数据库由美国宾汉姆顿大学于

2008年公开发布的第一个包含4D人脸模型的表情数据库,包括来自亚洲人、黑人、拉丁美洲人以及白人等多个人种的101个实验对象(58个女性,43个男性)。每个对象分别按每秒25帧的速率采集6种基本表情的表情视频序列,每个表情序列包含100帧,分辨率基本每点云35000个顶点,共获得了606个三维人脸表情视频序列。该数据库未提供AU标注。

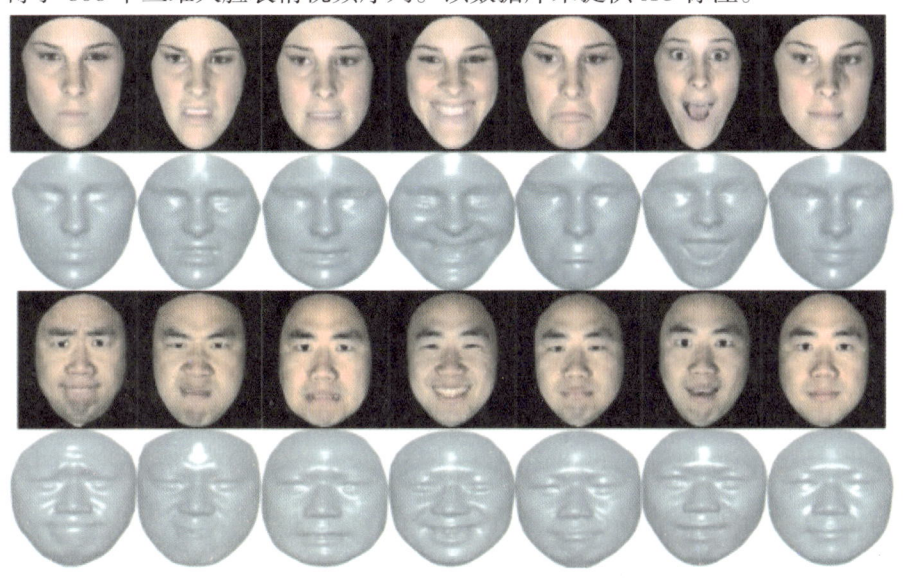

图1-9 BU-3DFE数据库中6种基本表情及其中性脸
(从左到右依次为:愤怒、厌恶、恐惧、高兴、伤心、惊讶、中性。
第2行和第4行的三维人脸上增加了纹理映射)

(3) Bosphorus数据库。Bosphorus[61]数据库于2008年公布,通过使用Inspeck Mega Capturor II 3D(结构光技术)获得。数据库包括45名女性和60名男性(如图1-10所示),共105个实验对象。基于人脸运动编码系统(Facial Action Coding System, FACS)[62]中对人脸肌肉的动作和不同表情的对应关系的定义,对105个实验对象共采集了4666个人脸。该库中数据包括有遮挡、表情和多个方位。其中三维人脸表情采集了5种高运动单元(Upper AU)、20种低运动单元(Lower AU)以及3种组合运动单元形式的人脸表情。另外,该库还提供了24个手工标注的特征点。

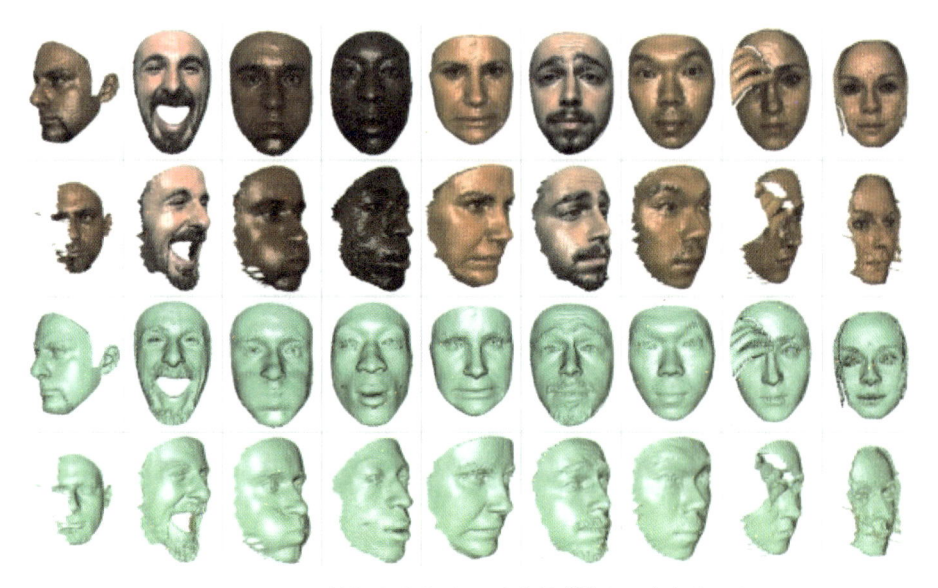

图 1-10 Bosphorus 数据库中部分人脸表情[61]（图片来自文献[61]）

（4）BP4D-Spontanous 数据库。BP4D-Spontanous[63]数据库于 2013 年公开发表，该库中包含了 18 名男性和 23 名女性，年龄在 18~29 岁之间的涵盖拉美裔、非裔、亚洲人、欧美人等多个人种的 41 个参与者。采集人脸表情的变化是通过访谈的形式实时进行。每个参与者与 8 个包含有 3D 和 2D 视频的任务相关联。此外，元数据包括自动跟踪的头部姿势、2D/3D 人脸标记以及手动注释的动作单元（FACS AU）。

（5）FaceWarehouse 数据库。FaceWarehouse[64]数据库由浙江大学开发，于 2014 年公开发表，用 Kinect RGBD 深度摄像头采集数据，以来自不同种族的年龄在 7~80 岁之间的 150 个人为采集对象。每个对象包含 19 种如张嘴、微笑等的表情变化和一个中性脸。每个 RGBD 原始数据能自动定位一组彩色图像的如眼角、嘴部轮廓和鼻尖等人脸特征点，还可手动调整以便达到更好的精度。该库将彩色图像上的特征点与网格上的相应点进行匹配，同时将模板人脸网格变形以尽可能接近地匹配深度数据。从这些拟合的人脸网格中，每个人被构建一组个人特定的表情混合形状。

综上所述，当前三维人脸表情识别在统一性特征提取、表情描述精细度及识别率方面还存在很多亟待解决的问题。我们提出的基于张量分解理论的方法能够高效地获取人脸发生的表情变化信息。与现有的三种方法相比较，基于张量分解理论的算法能克服以上三种方法的缺点，并具有以下优势：

（1）能解决基于向量表示的算法中产生维数灾难问题与训练样本不足的问题。

（2）能在张量分解过程中保持数据样本的原有空间结构形式，并且能够挖掘隐藏在数据内部的空间信息，并最终将这些有用的信息运用到人脸表情识别中。

（3）对拓扑变化不敏感，不需要对一些关键区域周围标注关键点，也不需要在人脸之间建立紧密的对应关系，而这正是基于特征的方法和模型的方法在实践中经常分别需要的。

（4）相比较于基于深度学习的方法，基于张量分解理论的算法需要较少的参数、较小的复杂性和较小的样本。

由于有坚实的数学基础，基于张量分解理论的三维人脸表情识别方法对揭示人脸表情的流形以及增强表情类别间的鉴别性有较大优势。由于基于张量分解理论的三维人脸表情识别尚处在初级阶段，还有大量的基础工作有待于深入研究，这正是本研究的核心意义所在。

1.4 研究内容与研究方法

三维人脸表情识别与分析，关键在于特征提取、描述和有效降维。目前三维人脸表情识别算法的数据大多数采用基于向量表示，由此造成数据样本内部结构信息的丢失和样本空间维数过高，产生了训练样本不足问题与维数灾难的问题，构建张量数据模型（即基于张量表示方法）并且利用张量优化算法设计进行有效降维，是解决这些问题的有效途径。本书重点研究如何合理对三维人脸表情实施高维张量建模，并借助稀疏低秩张量分解来刻画人脸表情张量数据蕴含的相似性、相关性等空间结构特征，结合图嵌入框架技术，在张量优化算法设计的基础上进行有效降维，最终目标是寻找更有效的投影因子矩阵，使得投影后产生的低维张量子空间（即低维特征）最大程度地保持某种图的约束，或者使投影因子矩阵本身满足稀疏或低秩等的约束，达到有效表征和更好地识别人脸表情的目的。其中的关键是求解张量表示的投影因子矩阵，这将用到不同的张量优化算法设计。

本书研究的主要内容总结如下：

在本书中，我们共提出了基于张量分解理论的三维人脸表情识别的四种算法，并针对出现的四个问题：基于向量表示的特征提取产生的问题、4D 张量表情样本通过张量分解后提取的低维特征在张量子空间中也表现相似的问题、三维张量表情样本的正交低秩稀疏问题，分别提出了基于低秩张量完备性（FERLrTC）的张量分解算法、基于先验信息的正交张量补全（OTDFPFER）算法、正交低秩 Tucker 分解算法（OLRTDFER）和稀疏正交 Tucker 分解算法（SOTDFER）。

1.5 本章小结

本章主要介绍本书所研究的课题的背景与意义，人脸表情识别研究的发展历史，重点对国内外研究现状进行了详尽的总结，对三维人脸表情特征提取方法进行了总结与分析，在此基础上阐述了本书的研究内容与研究方法。

2 张量理论与流形学习

在本章中,本书将首先介绍张量和张量代数,然后对张量分解理论和基于 Tucker 分解的降维方法进行介绍。为了对张量降维问题进行更清晰的解读和阐述,我们接着介绍张量子空间模型,它明确地抽象出了张量子空间的基、投影和重构等概念。由于在现实生活中大量真实的张量数据往往带有噪声或有损毁并存在于低秩的低维张量数据中,如何用一个或多个低维的线性独立子空间近似原始高阶张量数据问题,张量低秩表示为解决这一问题而提出。为了探索张量降维过程中与其蕴含的几何相一致的低维表示,本书将最后介绍流形、流形学习和作为流形学习扩展算法的基于张量学习的图嵌入框架。

2.1 张量理论

2.1.1 张量

张量作为矩阵与向量的自然扩展,可视为一个多维数组。它是自然数据存放的一般形式[65],例如向量称为一阶张量,矩阵为二阶张量,三维或更高维的数组称为高阶张量。不同阶数的张量排列形式不同,比如一阶张量中的元素以一维直线的形式进行排列,二阶张量以二维矩形的形式进行排列,而三阶张量以三维长方体的形式进行排列,如图 2-1 所示。四阶及以上的张量中的元素以超长方体的形式进行排列[66]。研究张量及其问题分析所要使用的数学工具为张量代数,也称之为多重线性代数[67]。以下介绍张量代数的一些概念及其相关的运算。

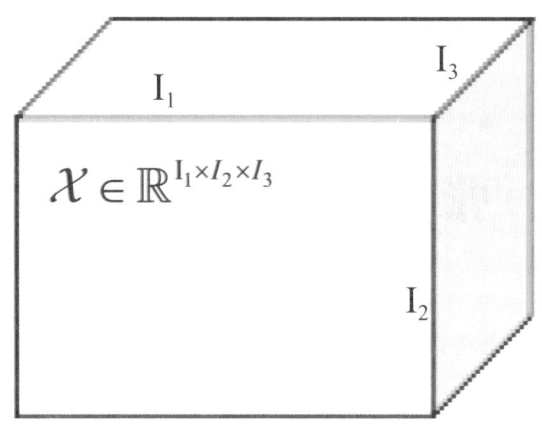

图 2-1 三阶张量

2.1.2 张量代数

为了统一书写规范，小写英文字母、大写英文字母和花体字母分别表示向量、矩阵和高阶张量。符号 $\otimes$, $\circ$ 和 $*$ 分别表示 Kronecker 积、外积和 Hadamard 积。现给出一个 N 阶张量，$\mathcal{X}$ 它的一般形式可以表示为 $\mathcal{X} \in \mathbb{R}^{I_1 \times I_2 \cdots \times I_N}$，$\mathbb{R}^{I_1 \times I_2 \cdots \times I_N}$ 表示 N 阶张量空间。张量 $\mathcal{X}$ 可看成 N 阶张量空间 $\mathbb{R}^{I_1 \times I_2 \cdots \times I_N}$ 中的点或元素，而张量空间 $\mathbb{R}^{I_1 \times I_2 \cdots \times I_N}$ 可以看作 N 个线性的向量空间 $\mathbb{R}^{I_1}, \mathbb{R}^{I_2}, \cdots, \mathbb{R}^{I_N}$ 的张量积。张量 $\mathcal{X}$ 的任一元素可表示为 $\mathcal{X}_{i_1 i_2 \cdots i_k \cdots i_n}$，$(1 \leq i_k \leq I_k)$ 其中下标表示第 k 模的索引。$I_1, I_2, \cdots, I_N$ 是各阶的维数，张量 $\mathcal{X}$ 共有 $I_1 \times I_2 \times \cdots \times I_N$ 个元素。张量空间由张量样本张成的数据空间所构成。下面，我们将介绍关于内积与范数、张量积、Hadamard 积、秩一张量和张量的秩、张量的模 $-k$ 展开列空间和张量的模 $-k$ 乘积的定义。

定义 2-1 内积与范数

（1）两个张量 $\mathcal{X}, \mathcal{Y} \in \mathbb{R}^{I_1 \times I_2 \cdots \times I_N}$ 的内积定义为：

$$\langle \mathcal{X}, \mathcal{Y} \rangle = vec(\mathcal{X})^T vec(\mathcal{Y}) = \sum_{i_1=1,\cdots,i_n=1}^{I_1,\cdots,I_n} \mathcal{X}_{i_1 \cdots i_n} \mathcal{Y}_{i_1 \cdots i_n} \qquad (2-1)$$

其中，张量 $\mathcal{X}$ 的向量 $vec(\mathcal{X})$ 以表示。

（2）张量 $\mathcal{X} \in \mathbb{R}^{I_1 \times I_2 \cdots \times I_k \cdots \times I_N}$ 的 Frobenius 范数定义为：

$$\|\mathcal{X}\|_F = \sqrt{\langle \mathcal{X}, \mathcal{X} \rangle} = \|\mathcal{X}_{(k)}\|_F = \sqrt{vec(\mathcal{X})^T vec(\mathcal{X})} =$$
$$\left(\sum_{i_1=1}^{I_1} \sum_{i_2=1}^{I_2} \cdots \sum_{i_N=1}^{I_N} |\mathcal{X}_{i_1 i_2 \cdots i_n}|^2 \right)^{1/2} \tag{2-2}$$

其中，$\mathcal{X}_{(k)}$ 为张量 $\mathcal{X}$ 的模 $-k$ 展开，并且 $k=1,\cdots,N$，此部分内容将会在本章下面的定义 2.3 中介绍。根据此定义，张量的 Frobenius 范数可以转换成该张量的矩阵化函数或向量化函数进行求解。现给出两个张量 $\mathcal{X}, \mathcal{Y} \in \mathbb{R}^{I_1 \times I_2 \cdots \times I_n}$，它们在张量空间上的距离可通过以下公式进行计算：

$$d(\mathcal{X}, \mathcal{Y}) = \|\mathcal{X} - \mathcal{Y}\|_F = \|vec(\mathcal{X}) - vec(\mathcal{Y})\|_2 \tag{2-3}$$

根据上式，两个张量的距离可通过它们向量化后之间的欧式距离进行求解。

定义 2-2　张量积

张量积是指两个任意大小张量间的运算，表示为 $\mathcal{X} \otimes \mathcal{Y}$。现给出两个张量 $\mathcal{X} \in \mathbb{R}^{I_1 \times I_2 \cdots \times I_N}, \mathcal{Y} \in \mathbb{R}^{R_1 \times R_2 \cdots \times R_M}$，它们的张量积将生成一个新的张量 $\mathcal{Z} = \mathcal{X} \otimes \mathcal{Y} \in \mathbb{R}^{I_1 \times I_2 \cdots \times I_N \times R_1 \times R_2 \cdots \times R_M}$，其中，$\mathcal{Z}$ 中的元素等于 $\mathcal{X}$ 和 $\mathcal{Y}$ 中对于元素的乘积，即 $\mathcal{Z}_{i_1 \cdots i_k \cdots i_N r_1 \cdots r_s \cdots r_m} = \mathcal{X}_{i_1 \cdots i_k \cdots i_N} \mathcal{Y}_{r_1 \cdots r_s \cdots r_m}$（$1 \leq i_k \leq I_k, 1 \leq r_s \leq R_s, 1 \leq k \leq N, 1 \leq s \leq M$）。图 2-2 为二阶张量 $X \in \mathbb{R}^{4 \times 4}$ 和一阶张量 $y \in \mathbb{R}^4$ 张量积的示意图。

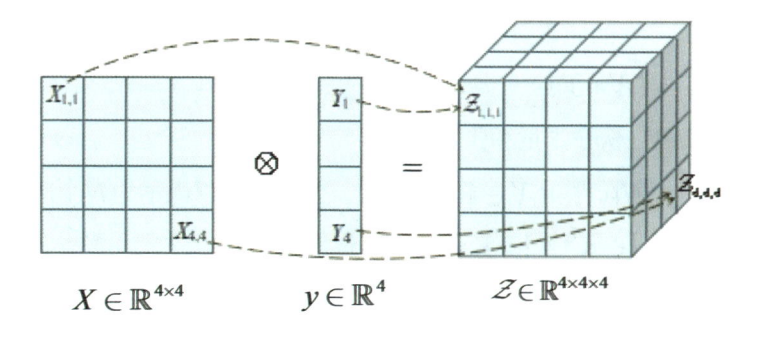

图 2-2　二阶张量 $X \in \mathbb{R}^{4 \times 4}$ 和一阶张量 $y \in \mathbb{R}^4$ 张量积的示意图

矩阵的 Kronecker 积是张量积的一种特殊形式。Kronecker 积是指两个任意大小矩阵间的运算，可表示为 $X \otimes Y$。现给出两个矩阵 $X \in \mathbb{R}^{m \times n}$，$Y \in \mathbb{R}^{p \times q}$，它们的 Kronecker 积将生成一个新的矩阵 $Z \in \mathbb{R}^{(m \times p) \times (n \times q)}$，可表示为式（2-4）。

$$Z = X \otimes Y = \begin{pmatrix} x_{11} & \cdots & x_{1n} \\ \vdots & \ddots & \vdots \\ x_{m1} & \cdots & x_{mn} \end{pmatrix} \otimes \begin{pmatrix} y_{11} & \cdots & y_{1q} \\ \vdots & \ddots & \vdots \\ y_{p1} & \cdots & y_{pq} \end{pmatrix} = \begin{pmatrix} x_{11}Y & \cdots & x_{1n}Y \\ \vdots & \ddots & \vdots \\ x_{m1}Y & \cdots & x_{mn}Y \end{pmatrix}$$

$$= \begin{pmatrix} x_{11}y_{11} & \cdots & x_{11}y_{1q} & & x_{1n}y_{11} & \cdots & x_{1n}y_{1q} \\ \vdots & \ddots & \vdots & \cdots & \vdots & \ddots & \vdots \\ x_{11}y_{p1} & \cdots & x_{11}y_{pq} & & x_{1n}y_{p1} & \cdots & x_{1n}y_{pq} \\ & \vdots & & \ddots & & \vdots & \\ x_{m1}y_{11} & \cdots & x_{m1}y_{1q} & & x_{mn}y_{11} & \cdots & x_{mn}y_{1q} \\ \vdots & \ddots & \vdots & \cdots & \vdots & \ddots & \vdots \\ x_{m1}y_{p1} & \cdots & x_{m1}y_{pq} & & x_{mn}y_{p1} & \cdots & x_{mn}y_{pq} \end{pmatrix} \quad (2\text{-}4)$$

定义 2-3　Hadamard 积

给出两个大小都为 $I_1 \times I_2 \cdots \times I_N$ 的 N 阶张量 $\mathcal{X} \in \mathbb{R}^{I_1 \times I_2 \cdots \times I_N}$，$\mathcal{Y} \in \mathbb{R}^{I_1 \times I_2 \cdots \times I_N}$，它们之间的 Hadamard 积，记为 $\mathcal{X} * \mathcal{Y}$，新生成的一个 N 阶张量 $\mathcal{Z} = \mathcal{X} * \mathcal{Y} \in \mathbb{R}^{I_1 \times I_2 \cdots \times I_N}$，它的元素可表示为：

$$\mathcal{Z}_{i_1 i_2 \cdots i_n} = (\mathcal{X} * \mathcal{Y})_{i_1 i_2 \cdots i_n} = \mathcal{X}_{i_1 i_2 \cdots i_n} \cdot \mathcal{Y}_{i_1 i_2 \cdots i_n} \quad （2\text{-}5）$$

定义 2-4　秩一张量和张量的秩

给定一个 N 阶张量 $\mathcal{X} \in \mathbb{R}^{I_1 \times I_2 \cdots \times I_k \cdots \times I_N}$，如果它可以表示为 N 个向量 $x^k = [x_1^k, x_2^k, \cdots, x_{I_k}^k] \in \mathbb{R}^{I_k}$（$1 \le k \le N$）的张量积，即：

$$\mathcal{X} = x^1 \otimes x^2 \otimes \cdots \otimes x^N \quad （2\text{-}6）$$

那么张量 $\mathcal{X}$ 称为秩一张量，x^1，$x^2 \cdots \quad x^N$ 称为 $\mathcal{X}$ 的成员向量，同时有 $\mathcal{X}_{i_1 i_2 \cdots i_n} = x_{i_1}^1 x_{i_2}^2 \cdots x_{i_k}^k \cdots x_{i_n}^N$ （$1 \le i_k \le I_k, 1 \le k \le N$）。给定一个张量 $\mathcal{Y} \in \mathbb{R}^{I_1 \times I_2 \cdots \times I_k \cdots \times I_N}$，如果它等于 R 个秩一张量的线性和，那么它的秩为 R，表

示为 $rank(\mathcal{Y}) = R$。

定义 2-5 张量的模 -k 展开列空间

对于给定的 N 阶张量 $\mathcal{X} \in \mathbb{R}^{I_1 \times I_2 \cdots \times I_N}$，它的模 -k 展开是将张量中的元素按照一定的方式重新排列，然后生成一个矩阵，用 $\mathcal{X}_{(k)} \in \mathbb{R}^{I_k \times (\prod_{i \neq k} I_i)}$ 表示，此生成矩阵的行数等于给定张量 $\mathcal{X}$ 中第 k 模的维数，列数是给定张量 $\mathcal{X}$ 中剩下所有阶的维数的乘积。按模 -k 展开后生成的矩阵 $\mathcal{X}_{(k)}$ 的元素与给定张量 $\mathcal{X}$ 中元素的对应关系为：

$$(\mathcal{X}_{(k)})_{i,j} = \mathcal{X}_{i_1 \cdots i_N}, \text{其中} i = 1, \cdots, I_k, j = 1 + \sum_{s=1, s \neq k}^{N} (i_s - 1) \prod_{t=s+1, t \neq k}^{N} I_t$$

（2-7）

图 2-3 分别为一个三阶张量 $\mathcal{X} \in \mathbb{R}^{I_1 \times I_2 \times I_3}$ 的模 -1，模 -2 和模 -3 的展开图，相应生成的矩阵分别为 $\mathcal{X}_{(1)} \in \mathbb{R}^{I_1 \times I_2 I_3}, \mathcal{X}_{(2)} \in \mathbb{R}^{I_2 \times I_3 I_1}$ 和 $\mathcal{X}_{(3)} \in \mathbb{R}^{I_3 \times I_1 I_2}$。

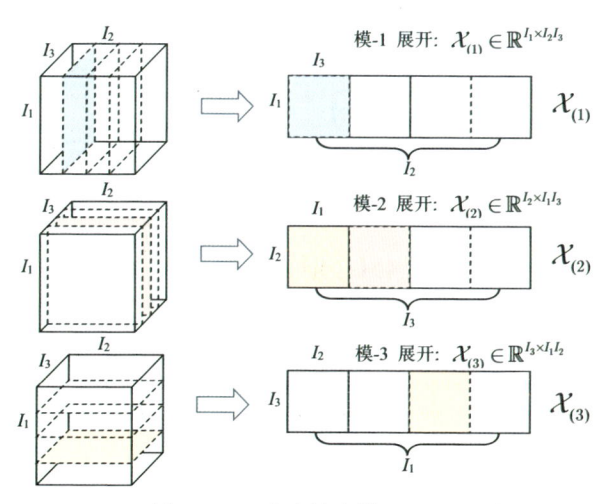

图 2-3 三阶张量的模 -k 展开示意图

定义 2-6 张量的模 -k 乘积

张量的模 -k 乘积为张量与矩阵之间的模 -k 乘积，可看作矩阵乘积的扩展。现给定一个张量 $\mathcal{X} \in \mathbb{R}^{I_1 \times I_2 \cdots \times I_N}$ 与一个矩阵 $U_k \in \mathbb{R}^{I_k \times I_k'}$，它们之

间的模 $-k$ 乘积可以表示为：

$$\mathcal{A} = \mathcal{X} \times_k U_k^T \in \mathbb{R}^{I_1 \times \cdots \times I_{k-1} \times I_k' \times I_{k+1} \cdots \times I_N} \quad (2\text{-}8)$$

这里 U_k^T 为 U_k 的转置，$\mathcal{X}$ 中元素满足 $\mathcal{A}_{i_1 \cdots i_{k-1} q i_{k+1} \cdots i_n} = \sum_{p=1}^{I_k} \mathcal{X}_{i_1 \cdots i_{k-1} p i_{k+1} \cdots i_n} \cdot U_{p,q}$，$1 \le i_k \le I_k (k=1,\cdots,N)$，张量的第 k 阶维数满足与矩阵的行数一致。从式（2-8）可以看出，$\mathcal{A}$ 的第 k 阶的维数变成了矩阵的列数。图2-4描述了一个三阶张量 $\mathcal{X} \in \mathbb{R}^{I_1 \times I_2 \times I_3}$ 与矩阵 $U_1 \in \mathbb{R}^{I_1 \times I_1'}$ 在进行模-1乘积时的示意图。

下面将介绍张量的一些有用的代数性质，这些性质将在后续文章中经常使用。

给定一个张量 $\mathcal{X} \in \mathbb{R}^{I_1 \times I_2 \cdots \times I_N}$、两个矩阵集 $\{U_k\}_{k=1}^N \in \mathbb{R}^{I_k \times R_k} (1 \le k \le N)$ 和 $\{V_k\}_{k=1}^N \in \mathbb{R}^{R_k \times I_k}$，那么以下式子成立：

$$\mathcal{X} \times_k U_k^T \times_j U_j^T = \mathcal{X} \times_j U_j^T \times_k U_k^T (k \ne j) \quad (2\text{-}9)$$

$$\mathcal{X} \times_k U_k^T \times_k V_k^T = \mathcal{X} \times_k (U_k V_k)^T \quad (2\text{-}10)$$

$$U_k \otimes V_k \ne V_k \otimes U_k (U_k \ne V_k) \quad (2\text{-}11)$$

$I_m \otimes I_n = I_{m \times n}$（$I_m$ 与 I_n 分别为 m 维与 n 维的单位矩阵，$I_{m \times n}$ 为 $m \times n$ 的单位矩阵） $\quad (2\text{-}12)$

$$(U_k V_k) \otimes (U_s V_s) = (U_k \otimes U_s)(V_k \otimes V_s)(1 \le s \le N) \quad (2\text{-}13)$$

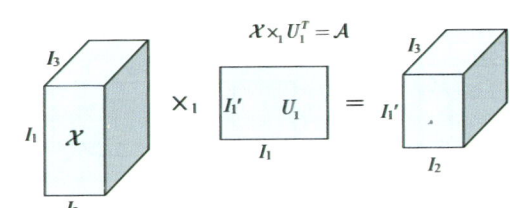

图2-4 张量模-k乘积示意图

2.1.3 张量分解理论

随着软硬件及计算技术的快速发展，多维数据出现在各种应用中，比如机器学习[68]、信号处理[69-71]、计算机视觉[72-73]、数据挖掘[74-75]、推荐系统[76-77]、脑计算机成像[78-79]等,张量对多维数据提供了有效的表示。为了对张量进行深度的信息挖掘或降维处理,需要对张量进行分解[80]。张量分解的概念最早来自1927年Hitchcock在物理与数学杂志上发表的两篇论文[81-82],但是到了20世纪60年代之后才引起了人们的相继关注:张量因子分解方法被Tucker[83-85]提出并相继发表了三篇论文,平行因子分解(Parallel Factor Decomposition, PARAFAC)和典范因子分解(Canonical Factor Decomposition, CANDECOMP)于1970年被Harshman[86]、Carroll和Chang[87]分别独立地提出。因此,Tucker分解与典范/平行因子分解(CANDECOMP/PARAFAC,常简称CP分解)这两大类方法奠定了张量分解的基础。

2.1.3.1 CP分解

CP分解把一个N阶的张量分解成R个秩为1的张量和的形式。给定一个N阶张量 $\mathcal{X} \in \mathbb{R}^{I_1 \times I_2 \cdots \times I_N}$,矩阵 $U_1 \in \mathbb{R}^{I_1 \times R_1}, \cdots, U_N \in \mathbb{R}^{I_N \times R_N}$,下列式子成立:

$$\mathcal{X} \approx [\![\lambda; U_1, \cdots, U_N]\!] \equiv \sum_{r=1}^{R} \lambda_r U_r^1 \circ U_r^2 \cdots \circ U_r^N \qquad (2\text{-}14)$$

其中,$\lambda \in \mathbb{R}^R$ 为权重,$U_n = [U_1^n, U_2^n, U_3^n \cdots U_R^n](1 \leq n \leq N)$ 为因子矩阵,当取等号的时候,R为最小值,就是该张量 $\mathcal{X}$ 的秩。图2-5为λ都为1时,三阶张量CP分解的示意图。

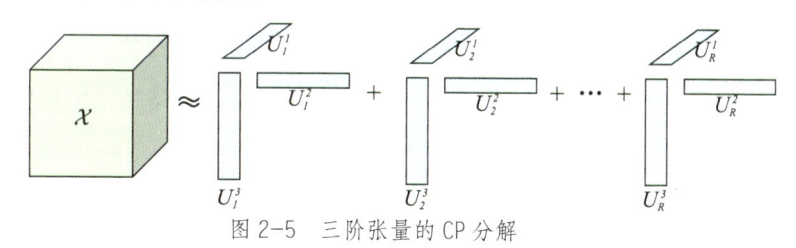

图 2-5 三阶张量的 CP 分解

2.1.3.2 Tucker 分解

Tucker分解为张量的高阶奇异值分解,又称为高阶主成分分析的一种形式。它把一个张量分解成一个核张量与每维矩阵的乘积。

给定一个 N 阶张量 $\mathcal{X} \in \mathbb{R}^{I_1 \times I_2 \cdots \times I_N}$，总是存在整数 $R_1, \cdots, R_N$，矩阵 $U_1 \in \mathbb{R}^{I_1 \times R_1}, \cdots, U_N \in \mathbb{R}^{I_N \times R}$，和一个张量 $\mathcal{G} = (\mathcal{G}_{r_1, \cdots, r_N}) \in \mathbb{R}^{R_1 \times R_2 \cdots \times R_N}$，下列式子成立：

$$\mathcal{X} \approx \mathcal{G} \times_1 U_1 \times \cdots \times_N U_N \equiv \sum_{r_1=1}^{R_1} \sum_{r_2=1}^{R_2} \cdots \sum_{r_N=1}^{R_N} \mathcal{G}_{r_1 r_2 \cdots r_N} U_{r_1}^1 \circ U_{r_2}^2 \cdots \circ U_{r_N}^N \quad (2\text{-}15)$$

其中，$\mathcal{G}$ 为核张量，它的分量表示不同模式下主成分之间的相互关系；$U_1, \cdots, U_N$ 为因子矩阵（通常是正交的）并且可以看作为每一模上的主要成分，当等式成立时，因子矩阵为正交矩阵，也就是满足 $U_n^T U_n = I_{R_n} \in \mathbb{R}^{R_n \times R_n}$ ($1 \leq n \leq N$)。三阶张量 Tucker 分解如图 2-6 所示。

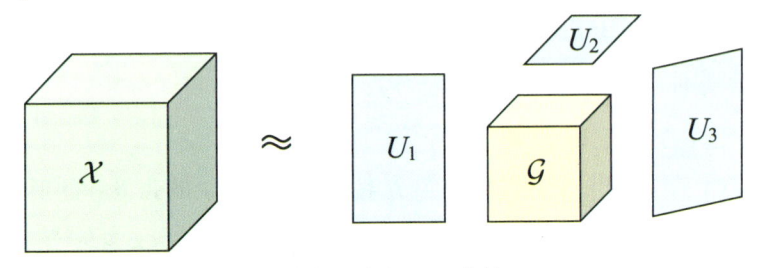

图 2-6 三阶张量的 Tucker 分解

2.1.4 基于 Tucker 分解的降维算法

现实世界的许多高阶张量数据，包含空间冗余信息，且本质的内在结构特征往往位于低维子空间中。而基于低秩逼近的张量分解作为一种强大的技术，与矩阵分解相比，能够从高阶张量数据中获取其内在多维结构并提取有用信息。Tucker 分解与 CP 分解是两种广泛使用的基于低秩逼近的张量分解方法，CP 分解可以看作具有超对角核张量的 Tucker 分解的特例，而 Tucker 分解则是一个更一般的分解，它涉及一个核张量与多个因子矩阵的多线性运算。一般认为，对于不同类型的高阶张量数据，Tucker 分解比 CP 分解具有更好的泛化能力[88]。因此，本文只讨论基于 Tucker 分解的降维方法。

基于 Tucker 分解的降维算法，目的是对 N 阶张量 $\mathcal{X} \in \mathbb{R}^{I_1 \times I_2 \cdots \times I_N}$ 在张量空间中进行维数约简，即首先将此张量在不同模展开的列空间上寻找 N 个投影因子矩阵 $U_1 \in \mathbb{R}^{I_1 \times R_1}, U_2 \in \mathbb{R}^{I_2 \times R_2}, \cdots, U_N \in \mathbb{R}^{I_N \times R_N}$，然后将此张量 $\mathcal{X}$ 与

它的投影因子矩阵进行模乘运算（式（2-16）），最后生成一个各维数变小的张量 $\mathcal{G} \in \mathbb{R}^{R_1 \times R_2 \cdots \times R_N}(R_i \ll I_i, 1 \leq i \leq N)$，从而实现维数约简。图 2-7 形象地说明了基于 Tucker 分解的降维过程。

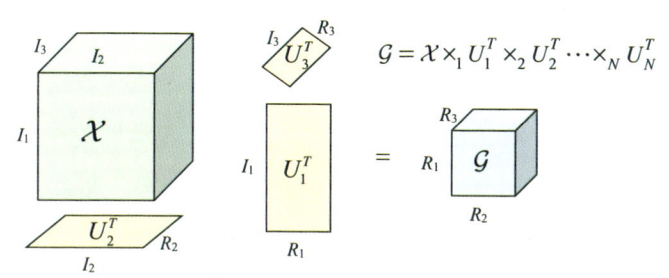

图 2-7 基于 Tucker 分解的降维方法示意图

$$\mathcal{G} = \mathcal{X} \times_1 U_1^T \times_2 U_2^T \cdots \times_N U_N^T = \mathcal{X} \prod_{k=1}^N \times_k U_k^T \in \mathbb{R}^{R_1 \times R_2 \cdots \times R_N} \quad (2-16)$$

式中：$\mathcal{X} \in \mathbb{R}^{I_1 \times I_2 \times \cdots \times I_N}$ 为阶张量；$\mathcal{G} \in \mathbb{R}^{R_1 \times R_2 \cdots \times R_N}(R_i < I_i, 1 \leq i \leq N)$ 为实现维数约简的低维表征；$U_1 \in \mathbb{R}^{I_1 \times R_1}, U_2 \in \mathbb{R}^{I_2 \times R_2}, \cdots U_N \in \mathbb{R}^{I_N \times R_N}$ 为从张量的模 -k 展开空间中独立求得的正交投影矩阵，一般采用高阶奇异值分解（High Order Singular Value Decomposition，HOSVD）[89]方法得到。式（2-16）在求解 $\mathcal{G}$ 的过程中没有封闭解，一般采用迭代的方式使其收敛。下面，我们介绍与基于 Tucker 分解的降维方法有关的高阶奇异值分解（HOSVD）和多线性秩的概念。

定理 2-1 高阶奇异值分解（HOSVD）

给定一个 N 阶张量 $\mathcal{X} \in \mathbb{R}^{I_1 \times I_2 \times \cdots \times I_N}$，它可唯一地分解为 $\mathcal{X} = \mathcal{G} \times_1 U_1 \times_2 U_2 \cdots \times_N U_N$，并满足以下性质：

（1）$U_k \in \mathbb{R}^{I_k \times R_k}(1 \leq k \leq N)$ 为正交因子矩阵。

（2）为核张量且它的模 -k 展开 $\mathcal{G}_{(k)}(1 \leq k \leq N)$ 的行都正交。

（3）$\|\mathcal{X}_{i_k=1}\|_F \geq \|\mathcal{X}_{i_k=2}\|_F \geq \cdots \geq \|\mathcal{X}_{i_k=I_k}\|_F \geq 0(1 \leq k \leq N)$，其中，$\|\mathcal{X}_{i_k=n}\|$ $(1 \leq n \leq I_k)$ 表示张量 $\mathcal{X}$ 第 k 模展开的第 n 行的 Frobenius 范数。

对于 N 阶张量 $\mathcal{X} \in \mathbb{R}^{I_1 \times I_2 \times \cdots \times I_N}$，给定 $R_1, R_2, \cdots R_N$，$\mathcal{X}$ 的 HOSVD 算法如下：

（1）对于 $n(1 \leq n \leq N)$，通过张量 $\mathcal{X}$ 的第 n 模展开矩阵 $\mathcal{X}_{(n)}$ 进行 SVD 分解分别得到左矩阵 U_n。

（2）通过公式计算 $\mathcal{G} = \mathcal{X} \times_1 U_1^T \times_2 U_2^T \cdots \times_N U_N^T$。

（3）返回得到的 $\mathcal{G}$，$U_1, U_2, \cdots U_N$。

定义 2-7　多线性秩

张量的秩另一个概念是多线性秩[90]，被定义为张量的模 −n 展开的秩的元组。例如，对于给定的 N 阶张量 $\mathcal{X} \in \mathbb{R}^{I_1 \times I_2 \times \cdots \times I_N}$，那么它的多线性秩被定义为 N 元组 $(r_1(\mathcal{X}), \cdots, r_N(\mathcal{X}))$，其中，$r_n(\mathcal{X}) = rank(\mathcal{X}_{(n)})(1 \leq n \leq N)$。它与 Tucker 分解密切相关，因为多线性秩等价于 Tucker 分解中可实现的最小核张量的维数。若对 $\mathcal{X}$ 进行 Tucker 分解，即 $\mathcal{X} \approx \mathcal{G} \times_1 U_1 \times \cdots \times_N U_N$，那么多线性秩被等价为 N 元组 $(r_1(\mathcal{G}), \cdots, r_N(\mathcal{G}))$，其中，$r_n(\mathcal{G}) = \min(rank(\mathcal{G}_{(n)}))(1 \leq n \leq N)$。

为了对张量的降维问题进行更清晰的解读和阐述，在下面的小节中，我们将接着介绍张量子空间模型，它明确地抽象出了张量子空间的基、投影和重构等概念。

2.1.5　张量子空间模型

张量子空间模型可以看作向量子空间模型的扩展。对张量子空间进行分析的目的就是降维，即通过寻找线性或非线性的空间变换，将原始高维数据压缩到一个低维的分布更紧凑的张量子空间中。

定义 2-8　张量子空间框架

设 $\mathcal{X} = \{\mathcal{X}_1, \mathcal{X}_2, \cdots, \mathcal{X}_i, \cdots, \mathcal{X}_N\}$ 为空间 $\mathbb{R}^{I_1 \times I_2 \times \cdots \times I_i \times \cdots \times I_N}$（$N \geq 3$）中的一个样本集合，$\mathcal{X}_i$ 是其中一个样本，张量子空间学习就是要寻找 $\mathcal{X}$ 在低维子空间 $\mathbb{R}^{R_1 \times R_2 \times \cdots \times R_i \times \cdots \times R_N}(R_i \leq I_i)$ 的表示 $\mathcal{G} = \{\mathcal{G}_1, \mathcal{G}_2, \cdots, \mathcal{G}_i, \cdots, \mathcal{G}_N\}$，因此，高维空间 $\mathbb{R}^{I_1 \times I_2 \times \cdots \times I_i \times \cdots \times I_N}$ 到低维子空间 $\mathbb{R}^{R_1 \times R_2 \times \cdots \times R_i \times \cdots \times R_N}(R_i \leq I_i)$ 的变换可用下列映射 $\mathcal{F}$ 来描述：

$$\mathcal{F}: \mathbb{R}^{I_1 \times I_2 \times \cdots \times I_i \times \cdots \times I_N} \to \mathbb{R}^{R_1 \times R_2 \times \cdots \times R_i \times \cdots \times R_N}(R_i \leq I_i) \text{ 或 } \mathcal{X} \to \mathcal{G} = \mathcal{F}(\mathcal{X}) \quad (2\text{-}17)$$

其逆映射 $\mathcal{F}^{-1}:\mathbb{R}^{R_1\times R_2\times\cdots\times R_i\times\cdots\times R_N}\to\mathbb{R}^{I_1\times I_2\times\cdots\times I_i\times\cdots\times I_N}(R_i\leq I_i)$，$\mathcal{G}\to\mathcal{X}=\mathcal{F}^{-1}(\mathcal{G})$，称为嵌入映射。

从上述定义中可以得出这样的结论：对于相同的高维数据，使用不同的映射得到的低维表示也会不同，但是对于不同的高维数据，它通过映射后得到的低维表示有可能会相同。因此可通过嵌入映射来区分具有相同低维表示的不同高维数据。上述定义中的映射 $\mathcal{F}$ 可以是线性的也可以是非线性的。对于线性映射而言，它通常为一个矩阵且它的行向量或列向量为张成张量子空间的基向量。定义（2-8）涉及的一些相关概念定义如下：

定义 2-9　张量子空间

$\mathbb{R}^{I_1},\mathbb{R}^{I_2},\cdots,\mathbb{R}^{I_k},\cdots,\mathbb{R}^{I_N}(1\leq k\leq N)$ 是 N 个完备的向量空间，从每个向量空间中任意取出一个向量做张量积，得到一个完备的 N 维张量空间，$\mathbb{R}^{I_1\times I_2\times\cdots\times I_k\times\cdots\times I_N}$ 用数学公式可以表示为：

$$\mathbb{R}^{I_1\times I_2\times\cdots\times I_k\times\cdots\times I_N}=\mathbb{R}^{I_1}\otimes\mathbb{R}^{I_2}\otimes\cdots\otimes\mathbb{R}^{I_k}\otimes\cdots\otimes\mathbb{R}^{I_N} \quad（2-18）$$

从式（2-18）中可看出，两个完备的向量空间做张量积，等价于这两个空间中所有成员之间做张量积。

张量空间 $\mathbb{R}^{I_1\times I_2\times\cdots\times I_k\times\cdots\times I_N}$ 的低维表示的维张量子空间 $\Omega^{R_1\times R_2\times\cdots\times R_k\times\cdots\times R_N}$ $(1\leq R_k\leq I_k,1\leq k\leq N)$ 可定义为：

$$\Omega^{R_1\times R_2\times\cdots\times R_k\times\cdots\times R_N}=\Omega^{R_1}\otimes\Omega^{R_2}\otimes\cdots\otimes\Omega^{R_k}\otimes\cdots\otimes\Omega^{R_N} \quad（2-19）$$

其中，$\Omega^{R_1},\Omega^{R_2},\cdots,\Omega^{R_k},\cdots,\Omega^{R_N}$ 分别为向量空间 $\mathbb{R}^{I_1},\mathbb{R}^{I_2},\cdots,\mathbb{R}^{I_k},\cdots,\mathbb{R}^{I_N}$ 对应的子空间。

基于 Tucker 分解的降维算法（式 2-15）目标是寻找投影因子矩阵，并沿着原始高维张量数据（即张量空间）的各模进行投影（通过模乘运算来实现），最终得到一个各维数相对较小的低维张量数据表示（即张量子空间）。

定义 2-10　张量子空间的基

张量子空间的基又称为基张量。假设 $\mathcal{X}_1,\mathcal{X}_2,\cdots,\mathcal{X}_k,\cdots,\mathcal{X}_N$ 是 N 个来自张量空间 $\mathbb{R}^{I_1\times I_2\times\cdots\times I_k\times\cdots\times I_N}$ 的 N 阶张量样本，现要将它们投影到某个低维

的张量子空间 $\Omega^{R_1 \times R_2 \times \cdots \times R_k \times \cdots \times R_N}$ $(1 \leq R_k \leq I_k, 1 \leq k \leq N)$ 中，则该张量子空间的基可利用下式得到：

$$\mathbf{O}^{i_1 i_2 \cdots i_k \cdots i_N} = \boldsymbol{u}_{i_1}^1 \otimes \boldsymbol{u}_{i_2}^2 \otimes \cdots \otimes \boldsymbol{u}_{i_N}^N \in \mathbb{R}^{I_1 \times I_2 \times \cdots \times I_k \times \cdots \times I_N} \ (1 \leq R_k \leq I_k, 1 \leq k \leq N) \quad (2-20)$$

式中 $\mathbf{O}^{i_1 i_2 \cdots i_k \cdots i_N} \in \mathbb{R}^{I_1 \times I_2 \times \cdots \times I_k \times \cdots \times I_N}$ 称为基张量，其中，$\{\boldsymbol{u}_1^k, \boldsymbol{u}_2^k, \cdots, \boldsymbol{u}_{R_k}^k\}$ 为对原始维张量样本进行模 $-k$ 展开后的列空间中获得的基向量。$\prod_{k=1}^N R_k$ 个这样的基张量为坐标轴生成了张量子空间 $\Omega^{R_1 \times R_2 \times \cdots \times R_k \times \cdots \times R_N}$。

定义 2-11 张量子空间投影

给出 $\mathcal{X} = \{\mathcal{X}_1, \mathcal{X}_2, \cdots, \mathcal{X}_k, \cdots, \mathcal{X}_M\}$ 为 N 维张量空间 $\mathbb{R}^{I_1 \times I_2 \times \cdots \times I_k \times \cdots \times I_N}$ 中的一个样本集合，$\mathcal{X}_i$ 是其中一个样本，通过对 $\mathcal{X}$ 进行 Tucker 分解获得的 N 个投影因子矩阵 $\boldsymbol{U}_1 \in \mathbb{R}^{I_1 \times R_1}, \boldsymbol{U}_2 \in \mathbb{R}^{I_2 \times R_2}, \cdots \boldsymbol{U} \in \mathbb{R}^{I_N \times R_N}$，然后将此张量 $\mathcal{X}$ 与它的投影因子矩阵沿着各模进行模乘运算，其结果为 N 阶张量 $\mathcal{X}$ 的低维表示 $\mathcal{G} \in \mathbb{R}^{R_1 \times R_2 \times \cdots \times R_k \times \cdots \times R_N}$ $(R_k < I_k)$，此过程可定义为：

$$\mathcal{G} = \mathcal{X} \times_1 \boldsymbol{U}_1^T \times_2 \boldsymbol{U}_2^T \cdots \times_N \boldsymbol{U}_N^T = \mathcal{X} \prod_{k=1}^N \times_k \boldsymbol{U}_k^T \in \mathbb{R}^{R_1 \times R_2 \times \cdots \times R_k \times \cdots \times R_N} \quad (2-21)$$

定义 2-12 张量子空间重构

所谓的张量子空间重构，是原始 N 阶张量样本 $\mathcal{X}$ 通过基于 Tucker 分解的优化目标函数分别得到它对应的 N 阶张量低维表示 $\mathcal{G} \in \mathbb{R}^{R_1 \times R_2 \times \cdots \times R_k \times \cdots \times R_N}$ 和 N 个投影因子矩阵 $\boldsymbol{U}_1 \in \mathbb{R}^{I_1 \times R_1}, \boldsymbol{U}_2 \in \mathbb{R}^{I_2 \times R_2}, \cdots \boldsymbol{U}_N \in \mathbb{R}^{I_N \times R_N}$，然后再将 $\mathcal{G}$ 沿着各模进行投影（也是通过模乘运算来实现），最后得到重构的 N 阶高阶张量 $\widehat{\mathcal{X}} \in \mathbb{R}^{I_1 \times I_2 \times \cdots \times I_k \times \cdots \times I_N} (I_k > R_k)$，其过程可定义为：

$$\widehat{\mathcal{X}} \approx \mathcal{G} \times_1 \boldsymbol{U}_1 \times_2 \boldsymbol{U}_2 \cdots \times_N \boldsymbol{U}_N = \mathcal{G} \prod_{k=1}^N \times_k \boldsymbol{U}_k \in \mathbb{R}^{I_1 \times I_2 \times \cdots \times I_k \times \cdots \times I_N} \quad (2-22)$$

从上述工作原理及其相关概念可以看出，对基于 Tucker 分解的张量子空间分析重点在于如何通过构造映射函数 $\mathcal{F}$，进而获得投影因子矩阵 $\boldsymbol{U}_1 \in \mathbb{R}^{I_1 \times R_1}, \boldsymbol{U}_2 \in \mathbb{R}^{I_2 \times R_2}, \cdots \boldsymbol{U}_N \in \mathbb{R}^{I_N \times R_N}$。使用不同的张量子空间分析方法，最后得到的投影因子矩阵也会不同。

由于在现实生活中的大量真实的张量数据往往带有噪声或有损毁并存

在于低秩的低维张量数据中，如何用一个或多个低维的线性独立子空间近似原始高阶张量数据问题，张量低秩表示为解决这一问题而提出。

2.1.6 张量低秩表示

低秩表示方法源于压缩感知（Compressed Sencing, CS）[91]，是低秩矩阵恢复（Low Rank Matrix Recovery，LRMR）[92]中最常用的方法，在数据分析中维数简约和同时消除噪声方面很受欢迎，已被广泛应用于许多领域，如图像分割、运动分割和人脸识别等。对于矩阵而言，秩可以当作一种稀疏性的度量。对于N阶张量数据来说（$N \geq 3$），也是如此。由于在现实生活中的大量真实的高阶张量数据往往带有噪声或有损毁并存在于低秩的低维张量数据中，因此如何用一个或多个低维的线性独立子空间近似原始高阶张量数据是一个非常困难的问题。

张量低秩表示就是为解决这个问题而提出来的，被认为是低秩表示的张量拓展。文献[93]首次提出了张量低秩表示模型（Tensor Low Rank Representation, Tensor LRR），并通过保持高阶样本数据的可用的空间信息来实现子空间聚类。该方法的张量低秩表示是通过高阶样本数据Tucker分解，找到因子矩阵的低秩表示，再通过因子矩阵的低秩表示获取其对应的关联矩阵，最后利用归一化切割方法将所有样本划分到对应的子空间中去。该方法的目标函数为：

$$\min_{U_1,\cdots U_{N-1}} \frac{\lambda}{2}\|\mathcal{E}\|_F^2 + \sum_{n=1}^{N-1}\|U_n\|_*$$

$$s.t. \ \mathcal{X} = \mathcal{X} \times_1 U_1 \times \cdots \times_n U_n \cdots \times_{N-1} U_{N-1} \times_N I + \mathcal{E}, n = 1, 2, \cdots N \quad (2-23)$$

其中，高阶样本数据$\mathcal{X}$进行Tucker后，核张量用$\mathcal{X}$代替作为字典，$U_1, U_2, \cdots, U_{N-1}$为沿$\mathcal{X}$着各模展开的因子矩阵，$\mathcal{E}$为一个$\mathcal{X}$中高斯噪声的张量，$\|\bullet\|_*$为一个矩阵的核范数，并且通过该矩阵的奇异值之和获得并保证了该矩阵的低秩结构，$\|\bullet\|_F$为一个张量的Frobenius范数，对张量的所有元素的平方和再取平方根获得，同时参数λ是一个大于零的数并靠经验进行调整，用来平衡目标函数的两个范数项。该目标函数目标是寻找优化的高阶样本数据$\mathcal{X}$进行Tucker分解后的因子矩阵的低秩解。

为了解决目标函数2-23的优化问题，一个迭代算法称块坐标下降法（Block Coordinate Descent[94]，BCD）被使用，该算法是固定所有其他变量来交替求解一个变量。例如，TLRR固定$U_1,\cdots,U_{n-1},U_{n+1},\cdots,U_{N-1}$来最小化变量$U_n$，等价于求解下列优化子问题：

$$\min_{U_n} \frac{\lambda}{2}\|\mathcal{E}\|_F^2 + \|U_n\|_*$$
$$s.t. \ \mathcal{X} = \mathcal{X} \times_1 U_1 \times \cdots \times_n U_n \cdots \times_{N-1} U_{N-1} \times_N I + \mathcal{E} \quad (2-24)$$

将张量矩阵化，问题（2-24）能够改写成以下矩阵的形式：

$$\min_{U_n} \frac{\lambda}{2}\|\mathcal{E}_{(n)}\|_F^2 + \|U_n\|_*$$
$$s.t. \ \mathcal{X}_{(n)} = U_n B_{(n)} + \mathcal{E}_{(n)} \quad (2-25)$$

其中，$B_{(n)} = \mathcal{X}_{(n)}(U_{N-1} \otimes \cdots U_{n+1} \otimes U_{n-1} \otimes \cdots \otimes U_1)^T$。表2-1算法1说明了采用BCD方法解决优化问题（2-23）的实现过程。

表2-1 算法1：用块坐标下降法（BCD）法解决（2-23）优化问题

输入：一个张量 $\mathcal{X} \in \mathbb{R}^{I_1 \times I_2 \times \cdots \times I_N}$，参数$\lambda$；
步骤1：初始化因子矩阵$\{U_n\}_{n=1}^{N-1} \in \mathbb{R}^{I_n \times R_n}$；
循环2：for $n=1:N-1\{$
$\mathcal{X}_{(n)} \leftarrow$ 将张量$\mathcal{X}$进行第n模展开
$\}//$ 循环2结束
循环3：while 达到最大迭代或收敛到停止
循环4：for $n=1:N-1$
$B_{(n)} \leftarrow \mathcal{X}_{(n)}(U_{N-1} \otimes \cdots U_{n+1} \otimes U_{n-1} \otimes \cdots \otimes U_1)^T$
$U_n \leftarrow$ 解决子问题2-25
$\}//$ 结束循环4

续表

| }// 结束循环 3 |
| 输出：因子矩阵 $\{U_n\}_{n=1}^{N-1}$ |

为了更好地处理约束优化问题（2-25），增广拉格朗日乘子方法（Augumented Lagrange Method，ALM）[95]被使用。原因有三点：一是 ALM 的优良收敛性使其具有很强的吸引力，二是参数调整比迭代阈值算法容易得多；三是它收敛于一个精确的最优解。

因此，式（2-25）的增广拉格朗日问题可以写成：

$$L(\mathcal{E}_{(n)}, U_n, Y_n) = \frac{\lambda}{2}\|\mathcal{E}_{(n)}\|_F^2 + \|U_n\|_* + tr[Y_n^T(\mathcal{X}_{(n)} - U_n B_{(n)} - \mathcal{E}_{(n)})] +$$

$$\frac{\mu_n}{2}\|\mathcal{X}_{(n)} - U_n B_{(n)} - \mathcal{E}_{(n)}\|_F^2 \quad (2\text{-}26)$$

问题（2-26）可以通过固定所有其他变量，每次更新一个变量来解决。ALM 的迭代过程按如下步骤进行。首先固定所有其他变量，更新，则最小化变量的目标函数为：

$$\min_{\mathcal{E}_{(n)}} \frac{\lambda}{\mu_n}\|\mathcal{E}_{(n)}\|_F^2 + \left\|\mathcal{E}_{(n)} - (\mathcal{X}_{(n)} - U_n B_{(n)} + \frac{Y_n}{\mu_n})\right\|_F^2 \quad (2\text{-}27)$$

于是，$\mathcal{E}_{(n)}$ 的解可通过以下获得：

$$\mathcal{E}_{(n)} = \frac{\lambda}{\lambda + \mu_n}(\mathcal{X}_{(n)} - U_n B_{(n)} + \frac{Y_n}{\mu_n}) \quad (2\text{-}28)$$

然后固定所有其他变量，更新 U_n。最小化变量 U_n 的目标函数为：

$$\min_{U_n} \|U_n\|_* - tr[Y_n^T U_n B_{(n)}] + \frac{\mu_n}{2}\|\mathcal{X}_{(n)} - U_n B_{(n)} - \mathcal{E}_{(n)}\|_F^2 \quad (2\text{-}29)$$

最后固定所有其他变量，更新拉格朗日乘子 Y_n 的最小化函数为：

$$Y_n \leftarrow Y_n + \mu_n(\mathcal{X}_{(n)} - U_n B_{(n)} - \mathcal{E}_{(n)}) \quad (2\text{-}30)$$

然而，由于第三项的系数 $B_{(n)}$，问题（2-29）没有封闭形式的解。因此，我们采用了添加一个优化项来线性化逼近[96]目标函数（2-29）的方法。假

设 $U_n^{[k]}$ 为问题（2-29）的当前逼近解，最后两项之和显示为 L，于是在 $U_n^{[k]}$ 处的一阶泰勒展开加上一个优化项可以表示为：

$$L \approx \mu_n \langle (U_n^{[k]}B_{(n)} + \mathcal{E}_{(n)} - \mathcal{X}_{(n)} - \frac{Y_n}{\mu_n})B_{(n)}^T, U_n - U_n^{[k]} \rangle$$

$$+ \frac{\mu_n \eta_n}{2} \|U_n - U_n^{[k]}\|_F^2 + const \qquad (2\text{-}31)$$

因此，解决问题（2-29）能够转化为迭代地求解下列问题：

$$\min_{U_n} \|U_n\|_* + \frac{\mu_n \eta_n}{2} \|U_n - U_n^{[k]} + P_n\|_F^2 \qquad (2\text{-}32)$$

其中，$P_n = \frac{1}{\eta_n}(U_n^{[k]}B_{(n)} + \mathcal{E}_{(n)} - \mathcal{X}_{(n)} - \frac{Y_n}{\mu_n})B_{(n)}^T$。问题（2-32）能够通过对 $M_n = U_n^{[k]} - \frac{1}{\eta_n}(U_n^{[k]}B_{(n)} + \mathcal{E}_{(n)} - \mathcal{X}_{(n)} - \frac{Y_n}{\mu_n})B_{(n)}^T$ 的 SVD 软阈值运算操作进行求解。设 M_n 的 SVD 结果为 $M_n = W_n \Sigma_n V_n^T$，则新的迭代更新可表示为：

$$U_n^{[k+1]} = W_n \Sigma_n(\mu_n \eta_n) V_n^T, \qquad (2\text{-}33)$$

其中，$\Sigma_n(\mu_n \eta_n)$ 是一个对角矩阵，其对角元素可表示为 $\Sigma_n(\mu_n \eta_n)_{ii} = \max\{0, (\Sigma_n)_{ii} - \frac{1}{\mu_n \eta_n}\}$。表2-2算法2说明了用增广拉格朗日乘子方法（ALM）解决子问题（2-25）的实现过程。

表2-2 算法2：用增广拉格朗日乘子方法（ALM）解决子问题（2-25）

输入：矩阵 $\mathcal{X}_{(n)}$ 和 $B_{(n)}$，参数 λ；
步骤1：初始化：$U_n = 0, \mathcal{E}_{(n)} = 0, Y_n = 0,$ $\mu_n = 1e\text{-}6$, $\max_n = 1e10$, $\rho = 1.1$, $\varepsilon = 1e\text{-}8$, 和 $\eta_n = \|B_{(n)}\|^2$；
循环2：while $\|\mathcal{X}_{(n)} - U_n B_{(n)} - \mathcal{E}_{(n)}\|_\infty \geq \varepsilon$ {
$\mathcal{E}_{(n)} \leftarrow$ 解决子问题2-27的解（2-28）

续表

$U_n \leftarrow$ 由式 2-33 迭代求解
$Y_n \leftarrow Y_n + \mu_n(\mathcal{X}_{(n)} - U_n B_{(n)} - \mathcal{E}_{(n)})$
$\mu_n \leftarrow \min(\rho\mu_n, \max_\mu)$
}// 结束循环 2
输出：因子矩阵 U_n

最后，通过得到高阶张量数据 $\mathcal{X}$ 的因子矩阵 $U_n (n=1,2,\cdots,N-1)$ 的低秩表示，相似矩阵 $Z=U_1 \otimes U_2 \otimes \cdots \otimes U_{N-1}$ 也同时获得。关联矩阵 S 于是被定义为 $S=|Z|+|Z^T|$，它的每个元素表示每对样本向量化后的联合相似性。归一化切割方法[97]最后被用来将所有样本化分到对应的子空间中去。表2-3 算法 3 说明了用张量低秩表示方法（TLRR）进行子空间聚类的实现过程。

张量低秩表示模型往往采用迭代的方法对问题进行求解，并且每次迭代都要奇异值分解较大的矩阵，因此，算法的计算复杂度较高。但是当需分解的矩阵的秩很低时，迭代速度加快，并且算法的计算复杂度大大降低，而且矩阵的秩首先需要被准确地估计，这个精确估计矩阵秩的问题至今还需进一步探索。

表 2-3 算法 3：用张量低秩表示方法（TLRR）进行子空间聚类

输入：一个张量 $\mathcal{X}$，子空间数目 k；
步骤 1：低秩表示 $\{U_n\}_{n=1}^{N-1} \leftarrow$ 解决优化问题（2-23）；
步骤 2：$Z \leftarrow U_1 \otimes U_2 \otimes \cdots \otimes U_{N-1}$
步骤 3：$1 \leftarrow$ 对 $|Z|+|Z^T|$ 使用归一化切割方法
输出：所有样本对应的聚类指标向量 1；

为了探索张量降维过程中与其蕴含的几何相一致的低维表示，我们将在下面的小节中介绍流形、流形学习和作为流形学习扩展算法的基于张量

学习的图嵌入框架。

2.2 流形学习与图嵌入框架

2.2.1 流形与流形学习

在介绍"流形学习"之前,我们首先介绍一下"流形"及其相关的一些概念。

2.2.1.1 流形

流形(Manifold)成功地提示了自然现象的空间形式,并将拓扑学、几何学与分析学等相关领域相联系起来,已成为对许多自然现象进行描述的重要工具,是现代数学中具有代表性的一个基本概念。其具体定义如下:

定义 2-13 流形

设 M 为一个 Hausdorff 空间,若对于任意 M 的点 $p \in M$,都有 P 的一个邻域 U 和 d 维欧式空间 $\mathbb{R}^d$ 中的一个开集同胚,则称 M 为 d 维拓扑流形,简称 d 维流形。

因此,流形表示一个局部欧氏的拓扑空间,从拓扑空间的开集同胚映射到欧式空间的开子集。定义 2-13 中涉及一些概念定义如下:

定义 2-14 拓扑空间

设 X 是非空集合,若 X 的一个子集族 τ,它满足:

(1) $\{X,\phi\} \subset \tau$。

(2) τ 中任意多个成员并集仍在 τ 中。

(3) τ 中两个成员的交集仍在 τ 中。

则称集合 X 的子集族 τ 为一个拓扑,并且 (X,τ) 为一个拓扑空间,而 τ 中的成员为 (X,τ) 的开集。

定义 2-15 Hausdorff 空间

如果对集合 X 中的任何两个不同 x, y,都存在着 x 的邻域 U 和 y 的邻域 V,使得 $U \cap V = \phi$,则称 (X,τ) 为 Hausdorff 空间。

定义2-16　同胚

对于两个拓扑空间 x 和 y，如果存在映射 $f:x \to y$ 是一一映射，并且 f 及其逆映射 f^{-1} 都是连续映射，那么就说 f 是一个同胚映射，并且 x, y 是同胚的。

2.2.1.2　流形学习

流形学习（Manifold Learning）最早出现在 1995 年由 Omohundro 与 Bregler 发表的关于数字图像处理与可视化语音识别的两篇论文中[98-99]。简单地说，流形学习就是一门分析数据集内所蕴含的几何信息的技术，它也可定义为通过有限样本集合进行计算嵌入到高维欧式空间中的低维流形的问题[100]，即通过获取的数据集的几何信息，探索与其蕴含的几何相一致的低维表示的过程。流形学习的具体数学描述于 2002 年被 Tenenbaum 和 Silva 在公开发表的论文"Global versus local methods in nonlinear dimensionality reduction"[101]中提出。

定义2-17　流形学习

给定一个数据集 $X = \{x_i, i = 1, \cdots, N\} \in \mathbb{R}^D$，并假设 X 中的样本是由低维空间中数据集 $G = \{g_i, i = 1, \cdots, N\} \in \mathbb{R}^d$ 通过某个非线性变换 f 所生成，即 $x_i = f(g_i) + \varepsilon_i$，其中，$d \ll D, f: \mathbb{R}^d \to \mathbb{R}^D$ 是 C^∞ 嵌入映射。那么流形学习的目标就是通过给定的观测数据集 X：（1）获取低维表示；$G = \{g_i, i = 1, \cdots, N\} \in \mathbb{R}^d$（2）构造高维到低维的非线性映射 f^{-1}：$\mathbb{R}^D \to \mathbb{R}^d$。

流形学习就是要找到产生观察数据的内在规律，或者说从现象发现本质。这意味着流形学习比传统的降维方法更能体现事物的本质，更有利于对数据的理解和进一步处理[102]。

2.2.1.3　流形学习的方法

2000 年在美国科学杂志上连续刊登的几篇论文[103-105]掀起了流形学习方法热潮。2004 年，国际机器学习会议 ICML（International Conference on Machine Learning）首次将"Manifold Learning"作为关键词，这也标志着流形学习研究的趋于成熟[106]。具有代表性的流形学习方法有：等距映射算法（Isometric Mapping，ISOMAP）[103]、局部线性嵌入算法（Locally Linear Embedding，LLE）[104]和拉普拉斯特征映射算法[107]（Laplacian Eigenmaps，LE）。等距映射算法首先计算近邻图中的最短路径，然后内在流形结构的欧式距离用获得的近似的测地线距离代替，最后输入到多维尺度分析（Multi-dimensional Scaling，MDS）[108]中处理，找到嵌入在高维空间的低维坐标。局部线性嵌入算法实现了将高维数据映射到一个全局低维坐标系，并且邻域点之间的线性关系被尽可能地保留，这也意味着原始高维数据中内在的局部几何信息被保持。该算法还具有旋转、平移等不变特性。拉普拉斯映射算法的思想是原始高维数据在高维空间中距离很近的点，投影到低维空间后的像也应该距离很近，该算法最终转化为求解一个矩阵的广义特征值问题，即相似图所对应的拉普拉斯矩阵。

由于不同的流形学习方法之间存在着一定的联系，因此有学者将流形学习总结到一个统一的框架内进行研究并在此框架上实现流形学习的算法推广。流形学习的统一框架[109]于2003年被Bengio等人首次提出，五种不同的算法（LLE、LE、ISOMAP、MDS和谱聚类[110]）被统一到对核函数的研究中，而且这五种算法获取的新样本的低维坐标可通过Nystrom公式来进行计算。针对流形学习及其线性扩展算法，Yan等人于2007年提出了基于图嵌入的统一框架，该框架以构建几何图（内在图与惩罚图）的方式对基于流形学习的降维算法与传统的线性降维算法进行了统一的描述与解释，例如ISOMAP、LLE、LE、局部保持投影（Locality Preserving Projections，LPP）[111]，以及主成分分析（Principal Component Analysis，PCA）[112]、线性鉴别分析（Linear Discriminant Analysis，LDA）[113]，甚至一些有监督的流形学习算法与张量学习的算法也包括在提出的框架内。下面给出基于张量学习的图嵌入框架的详细定义。

2.2.2 基于张量学习的图嵌入框架

2.2.2.1 图嵌入框架

图嵌入框架的本质是构建不同的图和建立相应的优化准则来刻画数据的结构信息。它的特点是数据之间的关系通常采用图的拉普拉斯（Laplacian）矩阵来描述。因为拉普拉斯矩阵不仅与流形上的拉普拉斯-贝尔特拉米（Laplace-Beltrami）算子之间关系密切[114]，并且它的所有特征值对应着图上的许多重要的特征。图嵌入框架的一般定义可表示为如下：

假设 $X=[x_1,x_2,\cdots x_i,\cdots,x_N]\in\mathbb{R}^{I\times N}$ 为训练样本矩阵，$x_i\in\mathbb{R}^I$ 为某个流形的 I 维向量样本并且类标签为 $l_i\in\{1,2,\cdots,N_K\}$，其中，N_K 为类别数且第 k 类样本的个数为 n_k。现要在训练样本集上构建两种图：一种是内在图 $G=(X,W)$，另一个是惩罚图 $G^p=(X,W^p)$，W 和 W^p 为相应图的权重矩阵，分别表示数据之间的内在几何关系或统计信息，和抑制数据之间的某种近邻关系[115]。令 $y_i\in\mathbb{R}^R$ 为 x_i 的低维表征（$R<I$），且 $Y=[y_1,y_2,\cdots,y_i,\cdots,y_N]\in\mathbb{R}^{R\times N}$，则图嵌入的目标函数为：

$$\arg\min_{tr(Y^TL^pY)=c}\sum_{i\neq j}\|y_i-y_j\|^2 W_{ij}=\arg\min_{tr(Y^TL^pY)=c} tr(Y^TLY) \quad (2-34)$$

式中：$L=D-W$, $L^p=D^p-W^p$ 分别为 G,G^p 图上的拉普拉斯矩阵，D,D^p 分别为图 G,G^p 上的对角矩阵，其相应的对角元素分别为 $D_{ii}=\sum_j W_{ij}$，$D_{ii}^p=\sum_j W_{ij}^p$；$tr(\cdot)$ 为矩阵的迹（对角线元素之和）。

上述目标函数可以通过数据点之间的相似性度量来解释。如果两样本点之间的相似性度量的值越小，则它们之间相似度也越小；如果两者的差异较大，只有这两个样本点之间的距离很大时才能使目标函数2-34的值更小。反之，如果两个样本点之间的相似性是正的很大的值，则它们的差异性很小，最小化目标函数2-34意味着两个点之间的距离应该很小。虽然目标函数2-34可以通过处理图嵌入的训练样本得到它的低维表征，但当训练样本为张量数据时，该方法却不能得到它的低维嵌入。所以必须对训练数据的维度进行张量扩展。

假设有 M 个为张量数据的训练样本 $\mathcal{X}^{(i)} \in \mathbb{R}^{I_1 \times I_2 \times \cdots \times I_N}$ ($1 \leq i \leq M$)，它们的低维的张量表示为 $\mathcal{G}^{(i)} \in \mathbb{R}^{R_1 \times R_2 \times \cdots \times R_N}$ ($1 \leq i \leq M$)。令 $\mathcal{G}^{(i)} = \mathcal{X}_i \times_1 U_1^T \times_2 U_2^T \times \cdots \times_N U_N^T$，$U_i \in \mathbb{R}^{I_i \times R_i}$ ($R_i \leq I_i$)，则目标函数 2-34 转化成基于张量学习的图嵌入框架如下：

$$\mathop{\arg\min}_{f(U_1,U_2,\cdots,U_N)=c} \sum_{i \neq j} \left\| \mathcal{X}^{(i)} \times_1 U_1^T \times_2 U_2^T \times \cdots \times_N U_N^T - \mathcal{X}^{(j)} \times_1 U_1^T \times_2 U_2^T \times \cdots \times_N U_N^T \right\| W_{ij} \quad (2-35)$$

其中 $f(U_1,U_2,\cdots,U_N) = \sum \left\| \mathcal{X}^{(i)} \times_1 U_1^T \times_2 U_2^T \times \cdots \times_N U_N^T - \mathcal{X}^{(j)} \times_1 U_1^T \times_2 U_2^T \times \cdots \times_N U_N^T \right\| W_{ij}^p = c$，$c$ 为一个正常量，此约束为了消除因子矩阵 $U_1, U_2, \cdots, U_N$ 中的任意缩放因子。

2.2.2.2 图构造

图是由非空样本集 V 和边集 E 组成，记为 $G = (V, E)$，若其边上进行加权，那么这样的图称为加权图，记作 $G = (V, E, W)$，其中，$W=[W_{ij}]$ 为边上的权重矩阵。因此，连接边和赋权重是构造图一般须经历的两个过程。

（1）构建图 G。

由于样本集上的最近邻图可以离散近似样本集所在的流形空间的局部几何结构[116]，因此，首先构建最近邻图，它有 ε 近邻和 k 近邻两种准则。对于 ε 近邻准则，如果 x_i 和 x_j 之间的距离小于 ε，那么在图 G 中将这对应的两点连接；对于 k 近邻准则，如果 x_i 属于离 x_j 最近的 k 个近邻点范围，或者 x_j 属于距离 x_i 最近的 k 个近邻点范围，那么在图 G 中将这对应两点连接。

（2）设置图 G 中边的权重。

设最近邻图 G 的权重矩阵为 W，假如 x_i 和 x_j 在图 G 中相连接，则权重 W_{ij} 为它们边的权重。常用的 W_{ij} 设置有三种：第一种为直接设置为一个常数 a，即 $W_{ij}=a$，通常设置为 1；第二种设置热核（heat kernel）权重，即：

$$W_{ij} = \exp(-\left\| x_i - x_j \right\|^2 / t) \quad (2-36)$$

其中，参数 t 用来调整权重值的大小；第三种为余弦权重，即：

$$W_{ij} = \langle \boldsymbol{x}_i, \boldsymbol{x}_j \rangle / (\|\boldsymbol{x}_i\| \cdot \|\boldsymbol{x}_j\|) \tag{2-37}$$

式中 $\langle \boldsymbol{x}_i, \boldsymbol{x}_j \rangle$ 为向量 $\boldsymbol{x}_i$ 和 $\boldsymbol{x}_j$ 的内积。

文献 [117] 首次提出基于张量学习的图嵌入框架，通过图嵌入的张量表示的训练样本得到它的低维表征，同时保持在张量空间中的固有局部几何和拓扑性质。现以此文献提出的用于监督学习的张量局部判别嵌入（Tensor Locality Discriminant Embedding，TLDE）框架为例，阐述其思想及求解过程。

假设有 M 个为张量数据的训练样本 $\mathcal{X}^{(i)} \in \mathbb{R}^{I_1 \times I_2 \times \cdots \times I_N}(1 \leqslant i \leqslant M)$ 和它们对应的标签 $y_1, \cdots, y_M \in \{1, \cdots, s\}$，其中 s 表示类别数。我们假设属于同一类样本的任何子集位于一个子流形 $\mathcal{M} \in \mathbb{R}^{I_1 \times I_2 \times \cdots \times I_N}$ 中。TLDE 的目的是综合类标签信息和样本邻域信息，使不同类的子流形分离，最后找到 k 个因子矩阵 $\boldsymbol{U}_i \in \mathbb{R}^{I_i \times R_i}(R_i \leqslant I_i)$。首先，我们构造类内邻域图 G 和类间邻域图 G^p，它们分别表示局部类内邻域关系和类间邻域关系；然后定义与构造图相对应的基于热核权重的权重矩阵（或称相似矩阵）W 和 W^p，基于热核的权重矩阵可定义为：

$$W_{ij} = \begin{cases} \exp(-\|\mathcal{X}^{(i)} - \mathcal{X}^{(j)}\|^2 / t) & \text{如果} \mathcal{X}^{(i)} \in N_k(\mathcal{X}^{(j)}) \\ & \text{或者} \mathcal{X}^{(j)} \in N_k(\mathcal{X}^{(i)})，\text{并且} y_i = y_j \\ 0 & \end{cases} \tag{2-38}$$

和

$$W_{ij}^p = \begin{cases} \exp(-\|\mathcal{X}^{(i)} - \mathcal{X}^{(j)}\|^2 / t) & \text{如果} \mathcal{X}^{(i)} \in N_k(\mathcal{X}^{(j)}) \\ & \text{或者} \mathcal{X}^{(j)} \in N_k(\mathcal{X}^{(i)})，\text{并且} y_i \neq y_j \\ 0 & \end{cases} \tag{2-39}$$

因此，TLDE 的优化问题可以表示为：

$$\arg\min \quad \mathcal{Q}(U_1, U_2, \cdots, U_N) =$$

$$\sum_{i \neq j} \left\| \mathcal{X}_i \times_1 U_1^T \times_2 U_2^T \times \cdots \times_N U_N^T - \mathcal{X}_j \times_1 U_1^T \times_2 U_2^T \times \cdots \times_N U_N^T \right\| W_{ij}$$

$$s.t. \sum_{i \neq j} \left\| \mathcal{X}_i \times_1 U_1^T \times_2 U_2^T \times \cdots \times_N U_N^T - \mathcal{X}_j \times_1 U_1^T \times_2 U_2^T \times \cdots \times_N U_N^T \right\| W_{ij}^p = 1$$

（2-40）

从式（2-40）的优化问题中可以很容易看出，原始空间中具有相同类标的相邻样本在嵌入的低维的张量空间中往往也保持邻近，并且阻止其他类的样本进入该邻域。

我们应用迭代方案来解决（2-40）的优化问题。假设 $U_1, U_2, \cdots, U_{k-1}, U_{k+1}, \cdots, U_N$ 是已知的，$\mathcal{G}_{-k}^{(i)}$ 表示 $\mathcal{X}^{(i)} \times_1 U_1^T \times_2 U_2^T \times \cdots \times_{k-1} U_{k-1}^T \times_{k+1} U_{k+1}^T \times \cdots \times_N U_N^T$，我们现在求解因子矩阵 U_k。我们首先可以将式 2-40 中的求解 U_k 目标函数与约束函数的 Frobenius 范数改写成迹的形式，即：

表2-4　算法4：张量局部判别嵌入框架

输入：M 个张量 $\mathcal{X}^{(i)} \in \mathbb{R}^{I_1 \times I_2 \times \cdots \times I_N}$ $(1 \leq i \leq M)$ 来自于子流形 $\mathcal{M} \subset \mathbb{R}^{I_1 \times I_2 \times \cdots \times I_N}$；标签 $y_1, \cdots, y_M \in \{1, \cdots, s\}$，因子矩阵的列的维数 $R_1, R_2, \cdots, R_N$，$T_{\max}$；

步骤1：构造类内邻域图 G 和类间邻域图 G^p 和对应的权重矩阵（相似矩阵）W 和 W^p

步骤2：初始化因子矩阵 $\{U_n^{[0]}\}_{n=1}^N = \mathrm{I}_{I_n}$；

循环3：for $t = 1:T_{\max}${

循环4：for $k=1:N${

计算 $\mathcal{G}_{-k}^{(i)} = \mathcal{X}^{(i)} \times_1 U_1^T \times_2 U_2^T \times \cdots \times_{k-1} U_{k-1}^T \times_{k+1} U_{k+1}^T \times \cdots \times_N U_N^T$

计算 $\mathcal{G}_{-k}^{(j)} = \mathcal{X}^{(j)} \times_1 U_1^T \times_2 U_2^T \times \cdots \times_{k-1} U_{k-1}^T \times_{k+1} U_{k+1}^T \times \cdots \times_N U_N^T$

计算 $\left(\mathcal{G}_{-k}^{(i)}\right)_{(k)}$ 与 $\left(\mathcal{G}_{-k}^{(j)}\right)_{(k)}$

续表

计算 $H_1 = \sum_{i \neq j} W_{ij} \left(\left(\mathcal{G}_{-k}^{(i)} \right)_{(k)} - \left(\mathcal{G}_{-k}^{(j)} \right)_{(k)} \right) \left(\left(\mathcal{G}_{-k}^{(i)} \right)_{(k)} - \left(\mathcal{G}_{-k}^{(j)} \right)_{(k)} \right)^T$

计算 $H_2 = \sum_{i \neq j} W_{ij} \left(\left(\mathcal{G}_{-k}^{(i)} \right)_{(k)} - \left(\mathcal{G}_{-k}^{(j)} \right)_{(k)} \right) \left(\left(\mathcal{G}_{-k}^{(i)} \right)_{(k)} - \left(\mathcal{G}_{-k}^{(j)} \right)_{(k)} \right)^T$

求解关于 $U_k^{[t]}$ 的方程 $H_1 U_k^{[t]} = H_2 U_k^{[t]} \Lambda_{R_k}, U_k^{[t]} \in \mathbb{R}^{I_k \times R_k}$；

如果 $\left\| U_k^{[t]} - U_k^{[t-1]} \right\|_F < \varepsilon$，那么停止循环；

}// 循环 4 结束

}// 循环 3 结束

输出：因子矩阵 $\{U_n\}_{n=1}^N$；

$$\mathcal{P}(U_k) = \sum_{i \neq j} \left\| \mathcal{G}_{-k}^{(i)} \times_k U_k^T - \mathcal{G}_{-k}^{(j)} \times_k U_k^T \right\|_F^2 W_{ij}$$

$$= \sum_{i \neq j} \left\| U_k^T \left(\mathcal{G}_{-k}^{(i)} \right)_{(k)} - U_k^T \left(\mathcal{G}_{-k}^{(j)} \right)_{(k)} \right\|_F^2 W_{ij}$$

$$= tr\left(U_k^T \left(\sum_{i \neq j} W_{ij} \left(\left(\mathcal{G}_{-k}^{(i)} \right)_{(k)} - \left(\mathcal{G}_{-k}^{(j)} \right)_{(k)} \right) \left(\left(\mathcal{G}_{-k}^{(i)} \right)_{(k)} - \left(\mathcal{G}_{-k}^{(j)} \right)_{(k)} \right)^T \right) U_k \right)$$ 和

$$\sum_{i \neq j} \left\| \mathcal{X}_i \times_1 U_1^T \times_2 U_2^T \times \cdots \times_N U_N^T - \mathcal{X}_j \times_1 U_1^T \times_2 U_2^T \times \cdots \times_N U_N^T \right\| W_{ij}^p =$$

$$tr\left(U_k^T \left(\sum_{i \neq j} W_{ij}^p \left(\left(\mathcal{G}_{-k}^{(i)} \right)_{(k)} - \left(\mathcal{G}_{-k}^{(j)} \right)_{(k)} \right) \left(\left(\mathcal{G}_{-k}^{(i)} \right)_{(k)} - \left(\mathcal{G}_{-k}^{(j)} \right)_{(k)} \right)^T \right) U_k \right) = 1$$

因此，求解式（2-40）中的求解 U_k 的优化问题表示为：

$$\arg\min_{U_k} \quad \mathcal{P}(U_k) =$$

$$tr\left(U_k^T \left(\sum_{i \neq j} W_{ij} \left(\left(\mathcal{G}_{-k}^{(i)} \right)_{(k)} - \left(\mathcal{G}_{-k}^{(j)} \right)_{(k)} \right) \left(\left(\mathcal{G}_{-k}^{(i)} \right)_{(k)} - \left(\mathcal{G}_{-k}^{(j)} \right)_{(k)} \right)^T \right) U_k \right)$$

$$s.t. \quad tr\left(U_k^T \left(\sum_{i \neq j} W_{ij}^p \left(\left(\mathcal{G}_{-k}^{(i)} \right)_{(k)} - \left(\mathcal{G}_{-k}^{(j)} \right)_{(k)} \right) \left(\left(\mathcal{G}_{-k}^{(i)} \right)_{(k)} - \left(\mathcal{G}_{-k}^{(j)} \right)_{(k)} \right)^T \right) U_k \right) = 1$$

（2-41）

很明显，未知因子矩阵 U_k 的列为以下广义特征值问题中对应于 R_k 个最小特征值的特征向量：

$$\left(\sum_{i \neq j} W_{ij}\left(\left(\mathcal{G}_{-k}^{(i)}\right)_{(k)}-\left(\mathcal{G}_{-k}^{(j)}\right)_{(k)}\right)\left(\left(\mathcal{G}_{-k}^{(i)}\right)_{(k)}-\left(\mathcal{G}_{-k}^{(j)}\right)_{(k)}\right)^{T}\right) u =$$
$$\lambda\left(\sum_{i \neq j} W_{ij}^{p}\left(\left(\mathcal{G}_{-k}^{(i)}\right)_{(k)}-\left(\mathcal{G}_{-k}^{(j)}\right)_{(k)}\right)\left(\left(\mathcal{G}_{-k}^{(i)}\right)_{(k)}-\left(\mathcal{G}_{-k}^{(j)}\right)_{(k)}\right)^{T}\right) u$$

因此，所有的因子矩阵 $U_1, U_2, \cdots, U_N$ 都能通过迭代方式得到求解。表2-4 算法 4 总结了完整的 TLDE 算法。

2.3 本章小结

本章首先详细地介绍了张量的一些理论，基于 Tucker 分解的降维算法、张量子空间模型与张量低秩表示，然后对常用的流形学习与图嵌入框架做了简单的介绍。这些内容为后面论文的展开做了铺垫。针对现实世界的许多高阶张量数据，由于它们包含空间冗余信息，且本质的内在结构特征往往位于低维子空间中，因此基于低秩逼近的 Tucker 分解作为一种强大的技术，能够从高阶张量数据中获取其内在的低维特征并提取有用信息，已经被应用于视频恢复[118]、图像修复[119-121]、图像分类[122-126]、多关系预测[127]、目标识别[128]、人脸识别[129]、数据分析[130-131]、步态识别[132]、图像压缩[133] 以及人类行为识别[134-135] 等，但是应用于三维人脸表情的识别方向却是缺乏。基于张量分解的降维算法的目的是将原始高维数据通过线性或非线性的空间变换压缩到一个低维的分布更紧凑的张量子空间中。如何用一个或多个低维的线性独立子空间近似原始高阶张量数据是一个非常困难的问题，张量低秩表示方法提供了一些解决思路。本书的目标是通过从纹理化的 3D 人脸表情数据中建立高阶张量，对它进行 Tucker 分解后找到因子矩阵的低秩表示和一组较小规模的核张量，其中因子矩阵用来投影到生成的高阶张量后进行人脸表情分类识别。因此，本书将在下一章中介绍基于低秩完备性的张量分解算法。

3 基于低秩张量完备性的张量分解

在本章中，本书将介绍基于低秩张量完备性（2D+3D Facial Expression Recognition via Low-rank Tensor Completion, FERLrTC）的张量分解算法。

3.1 引言

从数据模态角度来分析，现有的三维人脸表情识别方法大致可以分为 3D 人脸表情识别和多模态 2D+3D 人脸表情识别。3D 人脸表情识别方法通常使用 3D 人脸形状模型；而 2D+3D 人脸表情识别方法通常同时使用 2D 和 3D 人脸数据（即纹理化的 3D 人脸数据）。多模态数据被用于人脸表情识别中，包括可见光和红外人脸图像、可视化的音频、2D 和 3D 人脸数据[136]、2D 和 3D 视频[137]。由于不同模态数据之间的互补性，它已成为一个潜在的研究热点。然而，现有的基于向量表示的数据并没有保持多模态数据之间固有的内在结构信息，而且因为高维向量化特征导致维度灾难和产生训练样本少等问题。

为解决以上问题，本书提出基于低秩张量完备性（FERLrTC）的张量分解算法，内容由算法背景、算法介绍、FERLrTC 算法的优化模型及其求解过程、FERLrTC 算法的分析、FERLrTC 算法的实验评价、对 FERLrTC 算法的讨论和组成。

下面，本书将介绍与我们提出的算法有关的相关算法背景。

3.2 算法背景

3.2.1 张量低秩表示

在高阶张量 $\mathcal{X} \in \mathbb{R}^{I_1 \times I_2 \times \cdots \times I_k \times \cdots \times I_N}$ 的 Tucker 分解基础上，得到低秩表示或近似的合理且有利的方法是寻找一些低秩的因子矩阵 $U_n \in \mathbb{R}^{I_n \times R_n}$ ($R_n < I_n$) 来存储和分析 $\mathcal{X}$ 的信息，特别是在大规模的情况下。在这个意义上，我们可以采用以下最小化问题来得到 $\mathcal{X}$ 的低秩表示：

$$\min_{\mathcal{G},\{U_n\}} \sum_{n=1}^{N} \lambda_n \|U_n\|_*$$

$$s.t. \quad \left\| \mathcal{X} - \mathcal{G} \prod_{n=1}^{N} \times_n U_n \right\|_F^2 \leq \varepsilon$$

（3-1）

其中，$\lambda_n > 0$ 是 U_n 的权重参数（$n=1$，……，N），并且 ε 是一个规定的精度参数，$\|\cdot\|_*$ 表示矩阵核范数，等于该矩阵所有奇异值的和。

3.2.2 张量稀疏表示

对于高阶张量 $\mathcal{X} \in \mathbb{R}^{I_1 \times I_2 \times \cdots \times I_k \times \cdots \times I_N}$ 的 Tucker 分解，它的稀疏表示或近似可以通过以下方式获得：

$$\min_{\mathcal{G},\{U_n\}} \sum_{n=1}^{N} \|z_n\|_0$$

$$s.t. \quad \left\| \mathcal{X} - \mathcal{G} \prod_{n=1}^{N} \times_n U_n \right\|_F^2 \leq \varepsilon$$

（3-2）

其中，z_n 是一个 I_n 维的向量，它的第 i 个元素可以通过 $z_{n,i} \triangleq \|\mathcal{G}_{(n,i)}\|^2$ 获得，并且 $\mathcal{G}_{(n,i)}$ 表示 $\mathcal{G}$ 第 n 模展开的矩阵的第 i 行，$\|\mathcal{G}_{(n,i)}\|^2$ 表示 $\mathcal{G}_{(n,i)}$ 第 i 行所有元素的平方和。很明显，产生的带有组合性质的 ℓ_0 范数使得问题 3-2 通常为 NP（Nondeterministic polynominal）难问题。在文献中提出了许多松弛策略，比如 ℓ_1 松弛，log-sum 惩罚函数等等。在文献 [138] 中，log-sum 惩罚函数被证明比 ℓ_1 更具有稀疏性。它的模型形式为：

$$\min_{\mathcal{G},\{U_n\}} \sum_{n=1}^{N}\sum_{i=1}^{I_n} \log(\left\|\mathcal{G}_{(n,i)}\right\|^2 + \nu) \qquad (3\text{-}3)$$

$$s.t. \quad \left\|\mathcal{X} - \mathcal{G}\prod_{n=1}^{N}\times_n U_n\right\|_F^2 \leq \varepsilon$$

其中，$\nu > 0$ 是一个给定的逼近参数。

在下一小节中，我们将对我们提出的算法进行介绍。

3.3 算法介绍

为了解决现有的基于向量表示的数据没有保持多模态数据之间固有的内在结构信息、高维向量化特征导致维度灾难和产生训练样本少等问题，本章尝试建立新的 4D 张量模型。这是本章的第一个贡献。该 4D 张量模型由 2D 和 3D 人脸数据组成。这种张量的数据表示产生的问题主要在三个方面：① 如何同时从 2D 和 3D 的人脸数据构造并表示一个 4D 张量模型？② 如何提出张量优化为人脸表情识别建立模型并求解？③ 如何评价张量优化模型？

由于生成的 4D 张量维数较高，需要一种基于张量分解理论的张量降维技术。而基于低秩近似的 Tucker 分解是一种获取内在多维结构并从高阶数据中提取有用信息的强大技术。因此，我们尝试着将 Tucker 分解技术应用于多模态人脸表情识别，这是第二个贡献。当利用几何映射（3D 人脸数据）和纹理映射（2D 人脸数据）提取各种特征时，难免会产生样本之间的相似性，可能会丢失一些有用的内在信息。为了刻画 4D 张量样本的相似性，我们在生成的 4D 张量的 Tucker 分解下，根据因子矩阵的低秩结构和核张量的稀疏性，建立了低秩稀疏表示，保持了投影空间的判别性。并嵌入一个张量完备性（TC）框架来恢复人脸表情数据。因此，提出了一个新的张量降维方法，即低秩张量完备性（FERLrTC）的张量分解算法，并运用于多模态 2D + 3D 人脸表情识别。这是第三个贡献。

我们提出的优化算法用于处理 4D 张量模型，同时设计了秩降低策略（Rank Reduction Strategy,RRS），即通过去除冗余信息，保持因子矩阵与核张量之间的强相互作用，加快收敛速度，这是第四个贡献。我们的目标是找到一组较小规模的核张量和因子矩阵，其中因子矩阵用来投影到生成的 4D 张量后进行分类预测，其详细流程图如图 3-1 所示。

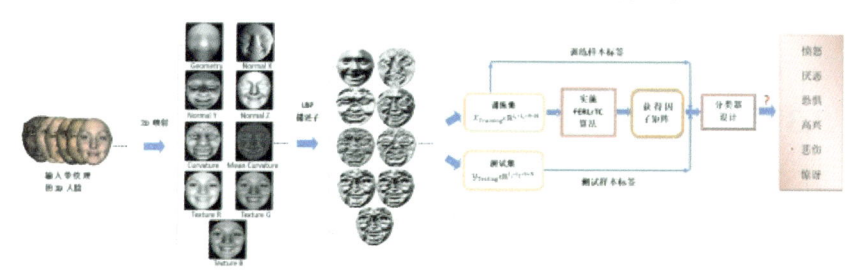

图 3-1 基于低秩张量完备性的 2D+3D 人脸表情识别在 BU-3DFE 数据库上的流程图

下一小节，我们将介绍我们提出算法的优化模型及其求解过程。

3.4 FERLrTC 算法的模型优化及求解

本小节提出了一种低秩张量完备性的张量分解算法（FERLrTC）并用于 2D+3D 人脸表情识别。

3.4.1 低秩张量完备性的优化模型的建立

首先，我们构建 4D 张量。给定 M 个样本，每个样本由 N 个大小为 $I_1 \times I_2$ 的人脸表情特征组成（二维人脸图像），然后通过直接叠加构造一个 $I_1 \times I_2 \times N \times M$ 的 4D 张量 $\mathcal{X}_0$ 来存储所有样本的人脸表情特征，并保持人脸表情特征数据固有的内在结构信息。我们的目标是通过 $\mathcal{X}_0$ 的 Tucker 分解来找到低秩的投影因子矩阵。由于样本之间高度相似，得到的张量 $\mathcal{X}_0$ 自然会有一些低秩表示。从文献 [118] 中使用基于群的 log-sum 函数来处理核张量上结构稀疏性的方法受到启发，我们将 4D 张量数据 $\mathcal{X}_0$ 进行 Tucker 分解，分解后利用产生的因子矩阵的低秩结构和核张量的结构稀疏性来共同刻画 4D 张量 $\mathcal{X}_0$ 的样本之间相似性。为了达到所需的因子矩阵 $U_n \in \mathbb{R}^{I_n \times R_n}(R_n < I_n)$ 的低秩性，在张量优化模型中引入了核范数，而不是文献[118]中引入的 Frobenius 范数。由于在张量建模过程中会丢失部分信息，所以嵌入了张量完备性（TC）框架。因此，本章方法的张量优化模型为：

$$\min_{\mathcal{G}, \{U_n\}, \mathcal{X}} \sum_{n=1}^{4} \sum_{i=1}^{I_n} \log(\|\mathcal{G}_{(n,i)}\|_F^2 + \nu) + \gamma \sum_{n=1}^{4} \lambda_n \|U_n\|_*$$

$$s.t. \quad \left\|\mathcal{X} - \mathcal{G} \prod_{n=1}^{4} \times_n U_n\right\|_F^2 \leq \varepsilon \quad (3\text{-}4)$$

$$\Omega(\mathcal{X}) = \Omega(\mathcal{X}_0)$$

其中，$\gamma > 0$ 是一个平衡核张量的稀疏性与因子矩阵的低秩性的参数，λ_n 是因子矩阵 U_n 的权重，$\mathcal{X}$ 是需要重建的 4D 张量，$\mathcal{X}_0$ 代表人脸表情数据，同时 $\Omega(\mathcal{X}_0)$ 表示 $\mathcal{X}_0$ 的非零项。

3.4.2 低秩张量完备性的优化模型的求解

为了有效地解决问题 3-4，采用优化最小化方法（Majorization-Minimization, MM）[139]，即通过迭代最小化一个简单的代理函数来优化给定的目标函数。它的优点是迭代过程产生一个非递增的目标函数值，最后收敛到原始目标函数的一个稳定点。

在使用 MM 方法之前，我们先利用 Tikhonov 正则化方法逼近原始约束问题 3-4：

$$\min_{\mathcal{G}, \{U_n\}, \mathcal{X}, \Omega(\mathcal{X}) = \Omega(\mathcal{X}_0)} L(\mathcal{G}, \{U_n\}, \mathcal{X}) =$$

$$\sum_{n=1}^{4} \sum_{i=1}^{I_n} \log(\|\mathcal{G}_{(n,i)}\|_F^2 + \nu) + \gamma \sum_{n=1}^{4} \lambda_n \|U_n\|_* + \mu \left\|\mathcal{X} - \mathcal{G} \prod_{n=1}^{4} \times_n U_n\right\|_F^2 \quad (3\text{-}5)$$

其中，$\mu > 0$ 是一个正则化参数。显然，最小化函数 $L(\mathcal{G}, \{U_n\}, \mathcal{X})$ 是一个包含因子矩阵 $\{U_n\}_{n=1}^{4}$、核张量 $\mathcal{G}$ 和重构张量 $\mathcal{X}$ 的多个变量的组合项，而

且是一个非凸函数，很难得到变量的显示解。

为了解决上述产生的问题，我们将非精确交替方向方法（Inexact Alternating Direction Method, IADM）[140]嵌入到MM算法中，即将具有一定非精确标准的优化问题3-5分解为易于处理的小子问题，且每个小子问题对应的目标函数为单调且不上升，求解的变量能得到显示解（详见式3-13、3-14、3-18和3-19）。因此，对于初始元组 $(\mathcal{G}^{[0]},\{U_n^{[0]}\}_{n=1}^4,\mathcal{X}^{[0]})$，得到的迭代方案为：

$$\begin{cases} \mathcal{G}^{[t+1]} \approx \arg\min_{\mathcal{X}} L(\mathcal{G},\{U_n^{[t]}\}_{n=1}^4,\mathcal{X}^{[t]}) \\ U_n^{[t+1]} \approx \arg\min_{U^{(n)}} L(\mathcal{G}^{[t+1]},\{U_k^{[t+1]}\}_{k<n}^4,U_n,\{U_k^{[t]}\}_{k>n}^4,\mathcal{X}^{[t]}),n=1,\ldots,4 \\ \mathcal{X}^{[t+1]} \approx \arg\min_{\mathcal{X}} L(\mathcal{G}^{[t+1]},\{U_n^{[t+1]}\}_{n=1}^4,\mathcal{X}) \end{cases} \quad (3\text{-}6)$$

下面将仔细处理迭代方案3-6中的子问题。

3.4.2.1 核张量的优化

为了得到核张量$\mathcal{G}$的封闭形式的更新，我们首先引入$\log(\|\mathcal{G}_{(n,i)}\|_F^2+\nu)$的代理函数，根据文献[141]在$\mathcal{G}^{[t]}$处的对数和函数的推导，我们可得到：

$$\log(\|\mathcal{G}_{(n,i)}\|_F^2+\nu) \leq \frac{\|\mathcal{G}_{(n,i)}\|_F^2+\nu}{\|\mathcal{G}_{(n,i)}^{[t]}\|_F^2+\nu} + \log(\|\mathcal{G}_{(n,i)}^{[t]}\|_F^2+\nu) - 1 \quad (3\text{-}7)$$

显然，当$\mathcal{G}=\mathcal{G}^{[t]}$时，不等式（3-7）等式成立。另外，

$$\sum_{n=1}^4\sum_{i=1}^{I_n}\log(\|\mathcal{G}_{(n,i)}\|_F^2+\nu) \leq \sum_{n=1}^4\sum_{i=1}^{I_n}\log(\|\mathcal{G}_{(n,i)}^{[t]}\|_F^2+\nu) + \langle \mathcal{G},\ \mathcal{D}^{[t]}*\mathcal{G}\rangle - \sum_{n=1}^4 I_n \quad (3\text{-}8)$$

其中，$\mathcal{D}^{[t]}$是一个与$\mathcal{X}$大小相同的张量，其第$(i_1,\cdots,i_n,\cdots,i_4)$元素为：

$$\mathcal{D}_{i_1,\cdots,i_n,\cdots,i_4}^{[t]} = \sum_{n=1}^4\left(\|\mathcal{G}_{(n,i_n)}^{[t]}\|_F^2+\nu\right)^{-1} \quad (3\text{-}9)$$

于是，

$$L(\mathcal{G}, \{U_n\}, \mathcal{X})$$

$$\leq \langle \mathcal{G}, \mathcal{D}^{[t]} * \mathcal{G} \rangle + \gamma \sum_{n=1}^{4} \lambda_n \|U_n\|_* + \mu \left\| \mathcal{X} - \mathcal{G} \prod_{n=1}^{4} \times_n U_n \right\|_F^2 + \alpha, \quad (3\text{-}10)$$

$$:= Q(\mathcal{G}, \{U_n\}, \mathcal{X} | \mathcal{G}^{[t]})$$

其中，$\alpha = \sum_{n=1}^{4} \sum_{i=1}^{I_n} \log(\|\mathcal{G}_{(n,i)}\|_F^2 + \nu) - \sum_{n=1}^{4} I_n$。很明显 $Q(\mathcal{G}, \{U_n\}, \mathcal{X})$ 是 $L(\mathcal{G}, \{U_n\}, \mathcal{X})$ 的一个代理函数，并且 $L(\mathcal{G}^{[t]}, \{U_n\}, \mathcal{X}) = Q(\mathcal{G}^{[t]}, \{U_n\}, \mathcal{X} | \mathcal{G}^{[t]})$，同时：

$$Q(\mathcal{G}, \{U_n\}, \mathcal{X} | \mathcal{G}^{[t]}) \geq L(\mathcal{G}, \{U_n\}, \mathcal{X}) \quad (3\text{-}11)$$

因此，通过求解 3-5 转换成迭代地最小化代理函数 3-10，我们通过求解以下优化问题可以得到 $\mathcal{G}$ 的更新：

$$\min_{\mathcal{G}} \langle \mathcal{G}, \mathcal{D}^{[t]} * \mathcal{G} \rangle + \mu \left\| \mathcal{X} - \mathcal{G} \prod_{n=1}^{4} \times_n U_n \right\|_F^2 \quad (3\text{-}12)$$

让 $g \triangleq \text{vec}(\mathcal{G}), D \triangleq \text{diag}(\text{vec}(\mathcal{D}^{[t]})), x \triangleq \text{vec}(\mathcal{X}), H \triangleq (\otimes_n U_n)$。式（3-12）的优化可以表示为：

$$\min_{g} \mu \|x - Hg\|_2^2 + g^T D g \quad (3\text{-}13)$$

因此，上式可以得到以下唯一解：

$$g = (H^T H + \mu D)^{-1} H^T x \quad (3\text{-}14)$$

从上式可以看出，直接从式 3-14 得到 g 是昂贵的，因为矩阵 $H^T H + \mu D$ 的逆的计算复杂性为 $o(\prod_{n=1}^{4} I_n^3)$。为了加快计算速度，本文采用了一种名为过松弛的单调快速迭代收缩阈值算法（Monotone Fast Iterative Shrinkage-thresholding Algorithm，MFISTA）[142] 的迭代算法。该算法通常用来解决许多大规模优化问题，并且对于一个光滑函数和一个可能非光滑凸函数的和的极小化的问题，不仅能保证目标函数的单调递减，而且在更大的范围内允许变步长(步长的计算可通过后面的公式$(2-\delta)/L(f)$得到，其中$\delta \in (0,2)$)，同时保证收敛速度为 $O(1/k^2)$，其中 k 为迭代次数。式 3-13

为凸函数，因此，本文使用过松弛 MFISTA 来有效地求解问题 3-13。

表 3-1 算法 1：采用过松弛的单调快速迭代 – 阈值分割算法（MFISTA）解决问题 3-12

```
输入：两个张量 𝒢 和 𝒳；因子矩阵 {U_n}_{n=1}^{4}；参数 δ, k_max；
输出：𝒢。
步骤 1：通过式 3-9 和式 3-17 计算 D 和 L(f)
步骤 2：从 (0, (2-δ)/L(f)] 中选择 β（已知 δ ∈ (0,2)）
循环 3：for k = 1 : k_max {
    用式 4-13 计算 ∇f(𝒢)
    令 z^{[k]} = prox_{βs}(w^{[k]} − β∇f(w^{[k]})) 或用式 3-16
    g^{[k]} = arg min{F(z) | z ∈ {z^{[k]}, g^{[k-1]}}};
    η^{[k+1]} = (1 + √(1 + 4(η^{[k]})^2)) / 2;
    w^{[k+1]} = g^{[k]} + (η^{[k]}/η^{[k+1]})(z^{[k]} − g^{[k]}) + ((η^{[k]}−1)/η^{[k+1]})(g^{[k]} − g^{[k-1]}) + ( [ ] / [ ])(1  )(w^{[k]}  z^{[k]})
    (η^{[k]}/η^{[k+1]})(1−δ)(w^{[k]} − z^{[k]});
} // 循环 3 结束
步骤 4：令 𝒢 = tensor(g^{[k_max]})
```

为了方便，我们将式 3-13 表示为 $f(g) = \mu \|x - Hg\|_2^2, s(g) = g^T D g$ 直接计算导致 $\nabla f(g) = 2\mu(H^T H g - H^T x)$，或者一个更有效的张量解：

$$\nabla f(\mathcal{G}) = 2\mu\left(\mathcal{G}\prod_{n=1}^{4}\times_n U_n - \mathcal{X}\right)\prod_{n=1}\times_n U_n^T \quad (3\text{-}15)$$

此外，对于任何给定的正标量 $β$，近邻算子 $\text{proc}_{βs}(g)$ 具有以下封闭形式：

$$\text{proc}_{βs}(g) := \arg\min_z \left\{ s(z) + \frac{1}{2β}\|z - g\|_2^2 \right\} = (2βD + I)^{-1} g \quad (3\text{-}16)$$

其中，I 是与 D 相同大小的单位矩阵，由于 D 是对角矩阵，矩阵 $(2βD + I)$ 的逆可以很容易得到。注意，∇f 是 Lipschitz 连续的，且有

- 56 -

Lipschitz 常数：

$$L(f) = \lambda_{\max}(2\mu H^T H) = 2\mu\lambda_{\max}\left(\bigotimes_n U_n^T \bigotimes_n U_n\right) = \\ 2\mu\lambda_{\max}\left(\bigotimes_n (U_n^T U_n)\right) = 2\mu\prod_{n=1}^{4}\lambda_{\max}(U_n^T U_n) \quad (3-17)$$

其中，$\lambda_{\max}(Y)$ 代表矩阵 Y 的最大特征值。$\mathcal{G}$ 更新的过程用表 3-1 来说明。

3.4.2.2 因子矩阵的优化

对于 $\{n_i\}_{i=1}^{4}$，任意给出 $\mathcal{G}, \{U_{n_j}\}_{n_j \neq n_i, n_j=1}^{4}$，因子矩阵 U_{n_i} 的更新可以通过以下获得：

$$\widehat{U}_{n_i} \approx \arg\min_{U_{n_i}} L(\mathcal{G}, \{U_{n_i}\}_{n_i=1}^{4}, \mathcal{X}) := \arg\min_{U_{n_i}}\{f_1(U_{n_i}) + f_2(U_{n_i})\} \quad (3-18)$$

其中，$f_1(U_{n_i}) = \gamma\lambda_n\|U_{n_i}\|_*$ 是一个闭凸但不可微的函数，并且 $f_2(U_{n_i}) = \mu tr(U_{n_i}^T U_{n_i}\Phi_{n_i}\Phi_{n_i}^T - 2U_{n_i}^T \mathcal{X}_{(n_i)}\Phi_{n_i}^T)$，$\Phi_{n_i} = (\mathcal{X}\prod_{k=1}^{4}\times_k U_k)_{(n_i)}$ 是一个凸的二次函数。为了得到 $\widehat{U}_{n_i}$ 的闭型逼近，利用 $f_2(U_{n_i})$ 基于其在当前 $U_{n_i}^{[t]}$ 的一阶泰勒展开的优化技术，通过以下形式得到 $\widehat{U}_{n_i}$：

$$\widehat{U}_{n_i} \approx \arg\min_{U_{n_i}} f_1(U_{n_i}) + f_2(U_{n_i}^{[t]}) + \langle\nabla f_2(U_{n_i}^{[t]}), U_{n_i} - U_{n_i}^{[t]}\rangle + \frac{\xi_{n_i}}{2}\|U_{n_i} - U_{n_i}^{[t]}\|_F^2 = \\ \Theta_{\gamma_{n_i}}\left(U_{n_i}^{[t]} - \frac{1}{\xi_{n_i}}\nabla f_2(U_{n_i}^{[t]})\right) \quad (3-19)$$

其中，$\nabla f_2(U_{n_i}^{[t]}) = 2\mu(U_{n_i}\Phi_{n_i} - \mathcal{X}_{(n_i)})\Phi_{n_i}^T$，$\gamma_{n_i} = \frac{\gamma}{\xi_{n_i}}\lambda_{n_i}$，$\xi_{n_i} = 2\mu\|\Phi_{n_i}\|_2^2$，对于任何矩阵 Z 的奇异值分解（SVD）为 $Z = U\Sigma V^T$，那么有 $\Theta_\alpha(Z) = US_\alpha(\Sigma)V^T$，并且 $S_\alpha(\Sigma_{ij}) = \max(0, \Sigma_{ij} - \alpha)$ 为软阈值操作。

3.4.2.3 重建的 4D 张量的优化

给出 $\mathcal{G}, \{U_n\}_{n=1}^{4}$，重建的 4D 张量 $\widehat{\mathcal{X}}$ 的更新可以通过投影属性很容易获得，方法如下：

$$\begin{cases}\Omega(\widehat{\mathcal{X}}) = \Omega(\mathcal{X}_0) \\ \overline{\Omega}(\widehat{\mathcal{X}}) = \overline{\Omega}(\mathcal{X}\prod_{n=1}^{4}\times_n U_n)\end{cases} \quad (3-20)$$

现在，我们可以结合 IADM 和 MM 方法来共同解决问题 3-5，具体步骤在表 3-2 中。

表 3-2　算法 2：结合非精确交替方向方法（IADM）和
优化最小化方法（MM）算法解决问题 3-5

输入：一个张量 $\mathcal{X} \in \mathbb{R}^{l_1 \times l_2 \cdots l_4}$；参数 $\lambda_n, \gamma, \mu, t_{\max}$；
输出：因子矩阵 $\{U_n\}_{n=1}^{4}$；
步骤 1：初始化：选择 $\{U_n^{[0]}\}_{n=1}^{4}, \mathcal{G}^{[0]}$　$\mathcal{X}^{[0]} = \mathcal{X}_0$，设置 $t = 0$；
步骤 2：用算法 2 更新 $\mathcal{G}$；
步骤 3：用式 3-19 更新 $\{U_n\}_{n=1}^{4}$；
步骤 4：用式 3-20 更新 $\mathcal{X}$；
步骤 5：（秩降低策略）根据给定阈值的秩降低策略，去掉的每一模展开的可忽略的行和因子矩阵 $\{U_n\}_{n=1}^{4}$ 对应的列；
步骤 6：令 $t = t + 1$；若停止规则不满足，回到步骤 2。

在上述算法中，当迭代次数达到某个规定的 $t_{\max}$ 时或满足以下条件，迭代过程将终止：

$$\left\| \Omega\left(\mathcal{X}^{[t+1]} - \mathcal{G}^{[t]} \prod_{n=1}^{4} \times_n U_n^{[t]} \right) \right\|_F^2 \Big/ \|\mathcal{X}_0\|_F^2 < \eta \quad (3\text{-}21)$$

其中，参数 $\eta > 0$ 且足够小。

3.4.3　秩降低策略

在每次迭代中取得 $\mathcal{G}, \{U_n\}_{n=1}^{4}$，和 $\mathcal{X}$ 后，根据核张量 $\mathcal{G}$ 的各模展开的行数，因子矩阵 $\{U_n\}_{n=1}^{4}$ 的冗余列可能存在。$\mathcal{G}_{(n,i)}$ 的冗余行及它的集合严格定义如下：

$$\mathcal{H}^n := \{i \| \mathcal{G}_{(n,i)} \|_F^2 = 0; n = 1, \cdots, 4, \forall i\} \quad (3\text{-}22)$$

如果 $j \in \mathcal{H}^n$，我们则可以明显忽略 U_n 的第 j 列。但是，按照此严格定义去掉可以忽略不计的成分，这是很难实现的。因此，我们使用了一个更松弛的准则：

$$\mathcal{M}^n := \left\{ i \left| 1 - \frac{\|\mathcal{G}_{(n,i)}\|_F^2}{\max_i(\|\mathcal{G}_{(n,i)}\|_F^2)} \geq \theta; n = 1, \cdots, 4, \forall i \right. \right\} \quad (3\text{-}23)$$

其中，$\theta \in [0.7,1]$ 是一个阈值（例如，$\theta = 0.9980$），这意味着 $\|\mathcal{G}_{(n,i)}\|_F^2$ 与 $\max_i(\|\mathcal{G}_{(n,i)}\|_F^2)$ 之间有着大的差距。同时很自然地表明了因子矩阵与核张量之间较强的相互作用。最后，核张量与因子矩阵中可忽略的组成部分通过以下方式被删除：

$$\begin{cases} \mathcal{G}_{(n)} \leftarrow \mathcal{X}_{(n)}(\mathcal{M}_\perp^n,:), \\ U_n \leftarrow U_n(:,\mathcal{M}_\perp^n), n = 1,\cdots,4; \end{cases} \quad (3\text{-}24)$$

其中，$\mathcal{M}_\perp^n$ 是 $\mathcal{M}^n$ 的补运算。

在下面的小节中，将对我们提出的算法进行分析。

3.5 FERLrTC 算法的分析

3.5.1 FERLrTC 算法的复杂度

FERLrTC 算法的主要计算量花费在每次迭代更新 $\mathcal{G}^{[t]}$ 与 $\{U_n^{[t]}\}_{n=1}^4$ 上。表 3-1 中更新 $\mathcal{G}^{[t]}$ 的计算复杂度主要体现在求解式 3-15 的梯度，复杂度为 $O(\sum_{n=1}^{4}(\prod_{k=1}^{n}I_k)(\prod_{j=n}^{4}R_j) + \sum_{n=1}^{4}(\prod_{k=1}^{n}R_k)(\prod_{j=n}^{4}I_j))$，并且它与数据大小成正比关系。更新 $U_n^{[t]}$ 的主要计算复杂度主要反映到求解式 3-19 上，复杂度为 $O(2R_n\prod_{k=1}^{n}I_k + \prod_{k=1,k\neq n}^{4}R_n(\prod_{m=1,m\neq n}^{n}I_m)(\prod_{j=k,j\neq n}^{4}R_j))$，并且它的复杂性与数据大小成正比关系，其中，复杂度 $O(2R_n\prod_{k=1}^{n}I_k)$ 来自求解，复杂度来源于求解 $\nabla f_2(U_n^{[t]})$。因此，每次迭代的总计算复杂度为 $O(\sum_{n=1}^{4}(\prod_{k=1}^{n}I_k)(\prod_{j=n}^{4}R_j) + \sum_{n=1}^{4}(\prod_{k=1}^{n}R_k)(\prod_{j=n}^{4}I_j))$，且与数据大小成正比关系。

3.5.2 FERLrTC 算法的收敛性

对于收敛性分析，我们可以看出，问题 3-4 非常复杂。不过，我们将 IADM 与 MM 算法相结合，已经通过下列过程证明了它的收敛性，即通过更新一个变量而保持其他变量不变来生成一个非递增的目标函数值。证明过程如下：

证明：给定当前迭代 $\{\mathcal{G}^{[t]}, \{U_n^{[t]}\}_{n=1}^4, \mathcal{X}^{[t]}\}$，根据式（3-11）和当 $\mathcal{G} = \mathcal{G}^{[t]}$ 时，我们的目标函数：

$$L(\mathcal{G}^{[t]},\{U_n^{[t]}\}_{n=1}^4,\mathcal{X}^{[t]})=Q(\mathcal{G}^{[t]},\{U_n^{[t]}\}_{n=1}^4,\mathcal{X}^{[t]}|\mathcal{G}^{[t]})$$

成立，于是目标函数转换成代理函数。由于式（3-12）是一个凸函数，因此，以下不等式成立：

$$Q(\mathcal{G}^{[t]},\{U_n^{[t]}\}_{n=1}^4,\mathcal{X}^{[t]}|\mathcal{G}^{[t]})\geqslant Q(\mathcal{G}^{[t+1]},\{U_n^{[t]}\}_{n=1}^4,\mathcal{X}^{[t]}|\mathcal{G}^{[t]})$$

当 $\mathcal{G}^{[t]}=\mathcal{G}^{[t+1]}$ 时，上式等式成立。又根据代理函数的定义[143]：已知一个参数互相耦合的难以优化的目标函数 ϕ，它的代理函数 φ 必须为参数相互解耦且易于优化的迭代求解的函数，即满足以下条件：

$$\begin{cases}\phi(w)\leq\varphi(w,\vartheta),\forall w,\vartheta\in\Upsilon\\ \phi(w)=\varphi(w,w)\\ \varphi(w_{new},w_{cur})\leq\varphi(w_{cur},w_{cur})\end{cases}\quad(3-25)$$

其中，w_{cur},w_{new} 为分别是 w 的当前迭代与下次迭代。因而，我们有：

$$Q(\mathcal{G}^{[t+1]},\{U_n^{[t]}\}_{n=1}^4,\mathcal{X}^{[t]}|\mathcal{G}^{[t]})\geqslant Q(\mathcal{G}^{[t+1]},\{U_n^{[t]}\}_{n=1}^4,\mathcal{X}^{[t]}|\mathcal{G}^{[t+1]})$$

因此，当 $\mathcal{G}=\mathcal{G}^{[t+1]}$ 时，我们通过以下变换将代理函数转换成了目标函数。

$$Q(\mathcal{G}^{[t+1]},\{U_n^{[t]}\}_{n=1}^4,\mathcal{X}^{[t]}|\mathcal{G}^{[t+1]})=L(\mathcal{G}^{[t+1]},\{U_n^{[t]}\}_{n=1}^4,\mathcal{X}^{[t]})$$

根据式 3-18，我们可以得到：

$$L(\mathcal{G}^{[t+1]},\{U_n^{[t]}\}_{n=1}^4,\mathcal{X}^{[t]})\geqslant L(\mathcal{G}^{[t+1]},U_1^{[t+1]},\{U_n^{[t]}\}_{n=2}^4,\mathcal{X}^{[t]})$$

$$\geqslant L(\mathcal{G}^{[t+1]},\{U_n^{[t+1]}\}_{n=1}^4,\mathcal{X}^{[t]})$$

最后，根据式 3-20，我们得到了：

$$L(\mathcal{G}^{[t+1]},\{U_n^{[t+1]}\}_{n=1}^4,\mathcal{X}^{[t]})\geqslant L(\mathcal{G}^{[t+1]},\{U_n^{[t+1]}\}_{n=1}^4,\mathcal{X}^{[t+1]})$$

于是，$L(\mathcal{G}^{[t]},\{U_n^{[t]}\}_{n=1}^4,\mathcal{X}^{[t]})\geqslant L(\mathcal{G}^{[t+1]},\{U_n^{[t+1]}\}_{n=1}^4,\mathcal{X}^{[t+1]})$ 成立。因此，通过更新一个变量而保持其他变量不变来生成一个非递增的目标函数值的命题成立。

在下面的小节中，将对提出的算法的实验进行评价。

3.6 FERLrTC 算法的实验评价

为了评估提出的算法（FERLrTC）的有效性，本文将在两个三维人脸数据库（包括 BU-3DFE 和 Bosphorus）上，比较其在不同实验设置和其他先进方法方面的性能。详细内容将集中在 BU-3DFE 数据库上。本文也在三阶和四阶张量的合成数据上验证了 FERLrTC。最后，本文将讨论以下三个问题：基于特征层融合的 4D 张量模型在 2D+3D 人脸表情识别的有效性、特征描述符的选择、秩降低策略的有效性。

3.6.1 实验环境与实验步骤

硬件配置：PC 机采用英特尔（Intel）i3 9100F 酷睿四核 3.6G 的 CPU，16G 的 DDR4 内存。

软件配置：微软 Windows 10 操作系统，matlab2018 计算软件。

实验步骤：首先对三维人脸表情数据库中的样本进行预处理（详见 3.5.2.1 中预处理介绍），接下来将预处理后的样本按照表情类别组成总样本集，接着将总样本集按照实验设置分成两部分（详见 3.5.2.2 中实验设置介绍），一部分作为训练集，用于实施我们提出的降维算法和训练分类器，另一部分作为测试集，用于验证识别效果；然后将本文在训练集上实施我们提出的算法得到的因子矩阵分别投影于训练集与测试集，得到它们对应的低维特征；最后将得到的训练集与测试集的低维特征与它们对应的标签一块送到分类器中，得到测试集的人脸表情分类结果（详见 3.5.2.4 中分类预测介绍）。

说明：本章给出的实验环境和实验步骤适用于后面所有的实验。若有不同之处，将另行说明。

3.6.2 实施细节

在这小节中，将首先介绍两个常用于三维人脸表情识别的数据库及它们的预处理，接着对三维人脸表情识别中常使用的实验设置进行介绍，然后对本书提出的算法中的变量初始化,最后介绍与算法实施相关的张量重建与分类预测的步骤。

3.6.2.1 数据库与预处理

(1) BU-3DFE 数据库与 Bosphorus 数据库。图 3-2 为这两个数据库中包含的七种基本情感:愤怒、厌恶、恐惧、高兴、悲伤、惊讶和中性表情。目前 BU-3DFE 数据库与 Bosphorus 数据库已经成为人脸表情识别研究人员评估三维人脸表情识别方法的数据库。

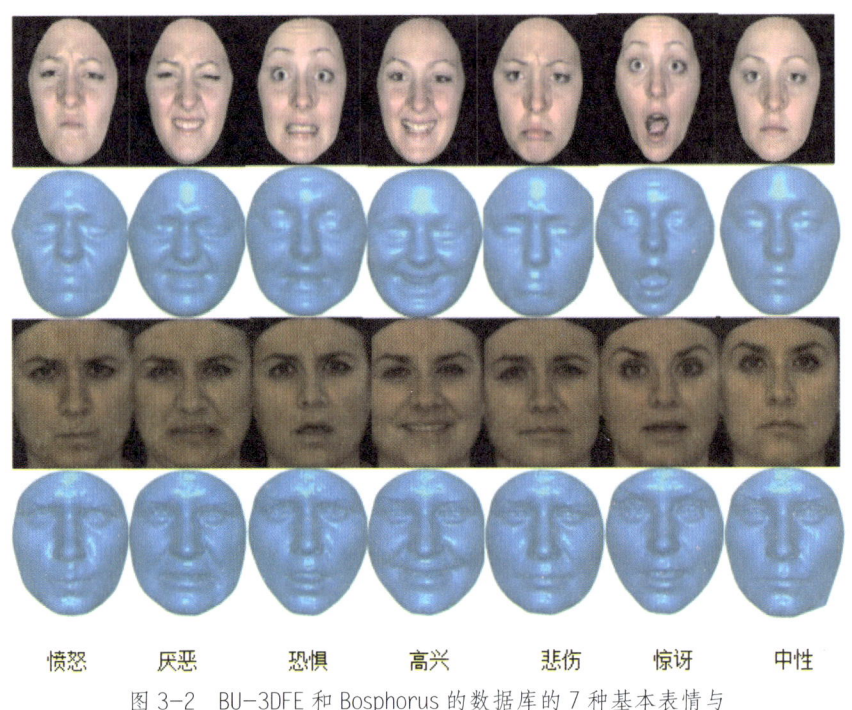

图 3-2 BU-3DFE 和 Bosphorus 的数据库的 7 种基本表情与人脸表情图像和人脸模型

(2) 预处理。BU-3DFE 和 Bosphorus 数据库中数据的预处理是相似的,包括:基于迭代最近点(Iterative Closest Points,ICP)[144]算法的姿态校正、鼻子检测、人脸裁剪、重新采样和使用立方插值进行 3D 人脸归一化的投影过程。根据得到的 x、y、z 坐标,几何映射 I_g,三种法向分量映射 I_n^x、I_n^y

和 I_n^z，曲率映射（即曲率 I_c 和平均曲率 I_{mc}）可以通过文献 [28,30] 中介绍的方法得到。通过线性插值投影三维纹理图像，得到 BU-3DFE 数据库的 3 通道二维纹理信息 I_{cr}、I_{cg} 和 I_{cb}（可参考文献 [145]）。这些生成的 9 种特征与 LBP（Local Binary Pattern）描述符 [29] 一起使用，该描述符在二维和三维的人脸表情识别中得到了广泛的应用。BU-3DFE 和 Bosphorus 数据库的预处理人脸属性映射和二维纹理信息的样本如图 3-3 所示。

图 3-3 对两个高兴表情的纹理化的 3D 人脸样本的 9 种类型的 2D 映射和 2D 纹理信息进行可视化。（第一行 Bosphorus 数据库上的 bs000 实验对象和剩下的为 BU-3DFE 数据库上带 4 个表达强度等级的 M0031 实验对象）。每行分别表示：深度图（几何映射），3 个方向（x,y,z）的法向量映射，曲率映射（曲率和平均曲率），2D 纹理信息（三个通道 R，G，B）（从第二行到第五行：强度 4 到强度 1）

3.6.2.2 实验设置

本章使用了五种实验设置，分别为设置 I、II、III、IV 和 V。其中，设置 I、II、III 和 V 用在 BU-3DFE 数据库上，并且在设置 I 和 II 中考虑了强度最高的两个级别，而在设置 III 中使用了所有四个强度级别，设置 IV 用于 Bosphorus 数据库上，设置 V 为运行次数不多于 20 次的不稳定实验方案。方案具体如下：

（1）设置 I 在所有实验中从 100 名样本对象中选出并固定 60 名，而设置 II 在每轮中从 100 名样本对象中随机选取 60%，设置 IV 随机从 65 个样本对象中选取 60 个样本对象。设置 I、II 和 IV 采用十折交叉验证方案，即将 60 名样本对象随机分为 10 个子集，保留一个子集（6 个样本对象共 72 样本数据）作为测试，剩下 9 个子集（54 个样本对象共 648 个样本数据）作为训练。

（2）设置 III 也采用十折交叉验证方案，它将 100 名样本对象随机分为 10 个子集，使用 9 个子集进行训练（即 90 个样本对象共 12960 个属性映射），其余的用于测试（即 10 个样本对象的 1440 个属性映射）。实验重复 10 次，使每个子集都能被作为一次测试集，而且训练集和测试集没有重叠。然后 10 次的平均结果就是最终的估计。

（3）设置 I、II、III 和 IV 中的实验重复 100 次的平均值即为最后的识别性能结果，所有实验都使用线性 SVM 作为分类器。下面的实验分析是基于设置 I、II、III、IV 和 V 中产生的结果。

3.6.2.3 算法初始化

为了减轻对算法参数的敏感性，不敏感的参数 δ 与 β 被分别设置为 0.1 和 $(2-\delta)/L(f)$。$\lambda_n(n=1,2,3,4)$ 设置成 $\dfrac{\prod_{k\ne n,k=1}^{4} a_k * \|U_k\|_*}{\sum_{n=1}^{4}\prod_{k\ne n,k=1}^{4} a_k * \|U_k\|_*}$ ($a_1=0.1, a_2=0.1,$ $a_3=80, a_4=0.01$) 以更好地刻画样本间的相似性。相对于其他参数的选择，μ 与 γ 的选择更加关键，这取决于数据丢失率和人脸表情数据值。当 μ 与 γ 分别设置成 $\dfrac{1}{w_1\|\mathcal{X}_0\|_F^2}$ 与 $w_2\dfrac{\mu\|\Phi_{(4)}\|_2^2}{\lambda_4}$ 时，稳定的恢复性能将会被获得。根据人脸表情数据的大小 w_1 与 w_2 被分别设为 $1e-12$ 和 $5e-2$，以避免严重的截断。令 $\mathcal{X}_0$ 为 $\mathcal{X}_{Training}$，$\{U_n^{[0]}\}_{n=1}^{4}$

从对 $\mathcal{X}_0$ 的高阶奇异值分解（HOSVD，详见 2.1.4 定理 2-1）而获得，同时 $\mathcal{G}^{[0]}$ 被设置为 $\mathcal{X}_0\prod_{n=1}^{4}\times_1 (U_n^{[0]})^T$（详见 2.1.5 定义 2-11）。最大迭代数 $k_{\max}$

与 t_{max} 分别设为 5 与 100，算法 2 中的精度参数 η 为 1e-4。在执行秩降低策略时，θ 将其设置为 0.99875。

3.6.2.4 张量重建和分类预测

分别用一个张量 $X_{Training}$ 和一个张量 $X_{Testing}$ 作为训练和测试，通过算法 2 可以得到相应估计的因子矩阵 $\{U_n\}_{n=1}^4$。然后是重建张量与分别为 $X_{Training}$ $\prod_{n=1}^{3} \times_1 U_n^T$ 和 $X_{Testing} \prod_{n=1}^{3} \times_1 U_n^T$。

设 $X_{Training}$ 与 $X_{Testing}$ 分别为张量 $X_{Training}$ 与 $X_{Testing}$ 的第 4 模展开矩阵。将这两个矩阵与对应样本的标签一起发送到默认参数为 C 的基于线性的多类 SVM 分类器中进行分类预测。

3.6.3 在 BU-3DF 数据库上的实验结果

3.6.3.1 不同实验设置的比较结果

表 3-3 显示了设置 I、II 和 III 进行特征融合的平均混淆矩阵。从表 3-3 中我们很容易发现由于其高度的人脸变形，高兴和惊讶是两个容易识别的表情，而相比较六个表情而言，悲伤和厌恶是两个更难识别的表情，除了设置 I。三种实验设置中，设置 I 达到最好的结果，其识别率高于设置 II 1.98%，高于设置 III 3.93%。在悲伤表情识别方面，与设置 II 和 III 相比，设置 I 得到了更好的结果，甚至与文献 [28,31-32] 相比有了一定的提高。与设置 I 和 II 相比，设置 III 的厌恶表情获得了最高的识别率。从表 3-3 中我们可以了解到较低强度的人脸表情，例如强度 1 与 2 实际上比那些更高级别（强度 3 与 4）的表情更难识别。

表 3-3 在 BU-3DFE 数据库上使用实验设置 I, II 和 III 的基于特征融合的人脸表情识别的平均混淆矩阵

%	愤怒	厌恶	恐惧	高兴	悲伤	惊讶
愤怒	80.92	4.58	3.83	0.58	10.09	0.00
厌恶	5.58	78.67	7.17	2.67	1.83	4.08
恐惧	4.50	5.91	70.75	10.00	5.17	3.67
高兴	0.00	1.75	5.67	92.25	0.00	0.33
悲伤	11.75	2.50	6.67	0.17	78.91	0.00
惊讶	0.25	1.00	2.00	0.92	0.00	95.83

续表

%	愤怒	厌恶	恐惧	高兴	悲伤	惊讶
设置 I	82.89%					
愤怒	76.75	6.75	2.67	0.75	13.08	0.00
厌恶	10.92	76.28	6.58	2.92	2.33	0.97
恐惧	2.42	8.63	69.12	6.75	9.33	3.75
高兴	1.58	0.30	3.60	93.65	0.17	0.70
悲伤	15.65	4.42	2.83	1.05	76.05	0.00
惊讶	0.85	0.50	2.75	2.27	0.00	93.63
设置 II	80.91%					
愤怒	76.55	6.70	4.50	0.00	12.25	0.00
厌恶	9.20	79.25	7.20	0.15	2.05	2.15
恐惧	3.05	9.25	67.00	9.75	6.85	4.10
高兴	0.75	1.90	7.80	89.25	0.00	0.30
悲伤	19.75	3.00	6.35	0.65	70.25	0.00
惊讶	0.20	1.70	5.65	1.00	0.00	91.45
设置 III	78.96%					

3.6.3.2 不同分类器的比较结果

目前有各种不同的分类器，如神经网络（Neural Networks，NN）、最大似然（Maximum Likelihood，ML）、支持向量机（SVM）、K近邻（k-Nearest Neighbor，KNN）、随机森林、贝叶斯网络（Bayesian belief network，BBN）、基于协作表示分类（CRC）和基于稀疏表示的分类（SRC）等，其中SVM、KNN、CRC和随机森林都具有处理高维数据和多类分类的能力。为显示使用线性SVM分类器的优越性，我们在BU-3DFE数据库上使用实验设置I进行了实验。设置参数如下：① SVM中取参数 C 为默认值1；② KNN中 $k = 1$；③ 为了在CRC中获得最佳的性能，将和特征脸维数分别设置为1e-3和200；④ 默认树数为500，随机森林中的二叉树节点中使用的变量数为200。如表3-4所显示的识别率结果，线性SVM通常被认为是三维人脸表情预测的最佳候选分类器。

表 3-4 在 BU-3DFE 数据库上使用实验设置 I 对不同的分类器进行比较

分类器	KNN	CRC	随机森林	SVM
识别率（%）	78.91	80.07	81.13	82.89

3.6.3.3 不同张量算法比较结果

为了显示我们提出的算法（FERLrTC）的优越性，我们在 BU-3DFE 数据库上与不同的 Tucker 分解算法进行了比较，这些算法为：IRTD[118]、APG_NTDC[146]、WTucker[147] 和 KBR_TC[148]。下面我们对这些比较算法进行简单的介绍：

（1）IRTD 提出对不完备的张量的 Tucker 分解后，核张量的稀疏性被替换为一组的 log-sum 惩罚函数和在因子矩阵上加了 Frobenius 范数，以避免无效解，即核张量趋近于 0 时，因子矩阵趋近于无穷大。

（2）APG_NTDC 利用近端交替梯度（Proximal Alternating Gradient，APG）方法将一个张量分解为一个核张量和几个因子矩阵并加以稀疏性与非负性约束。

（3）WTucker 提出了一个基于预定义的多重线性秩（详见 2.1.4 中定义 2-7）的 Tucker 因子方法，并将它运用于数据的低秩完备性。

（4）KBR_TC 提出一个基于 Kronecker 基表示（Kronecker-based Representation，KBR）并运用于张量恢复的张量稀疏测量方法。秩一的 Kronecker 基的数量被用来表示张量。

为加快收敛处理速度，KBR_TC 采用秩递增方案[122]，IRTD 和 FERLrTC 采用秩降低策略。需要注意的是，APG_NTDC 需要预先定义多线性秩，而 KBR_TC 提供了一个更小的多线性秩估计，WTucker 的多线性秩需要被高估。

为了获得比较算法的最好效果，我们对这四种算法的所有参数都根据其对应文献的实验参数建议进行了仔细调整：

（1）IRTD 中，我们设置了 $\beta = (2-\delta)/L(f)$，$\lambda_1 = 0.1$，$\lambda_2 = 1$，

$\gamma=1.25e-3$ 和 $\delta=0.1$。

（2）APG_NTDC，$\lambda_n(n=1,2,3,4)$ 和 λ_c 都设置为 0.5，预定义的多重线性秩设为（15,11,8,12）。

（3）Wtucker，多线性秩为（30,22,9,24）。

（4）KBR_TC，$\lambda=10$，$c=1e-3$，$v=0.1$，$\rho=1.05$ 和 $\mu=250$；给定的多线性秩为（12,12,9,12）。

下面，我们提出的算法与四种比较算法在识别率（Recognition Accuracy，RA）、相对误差（Relative Error，RE）、因子矩阵的秩的变化（Rank Variation，RV）和人脸重构（Face Reconstruction，FR）的四个方面进行比较。

（1）RA：图 3-4a 显示了设置 I 的平均识别率的比较结果。从此图中我们可以看出 FERLrTC 的平均识别率最好，而 APG_NTDC 的平均识别率相对较差。结果表明，我们提出的基于 Tucker 分解的张量降维方法可以从产生的多模态 4D 张量中提取出更有效的低维特征以便人脸表情识别。因此，基于低秩的张量完备性模型的多模态人脸表情识别方法比其他方法更有效。

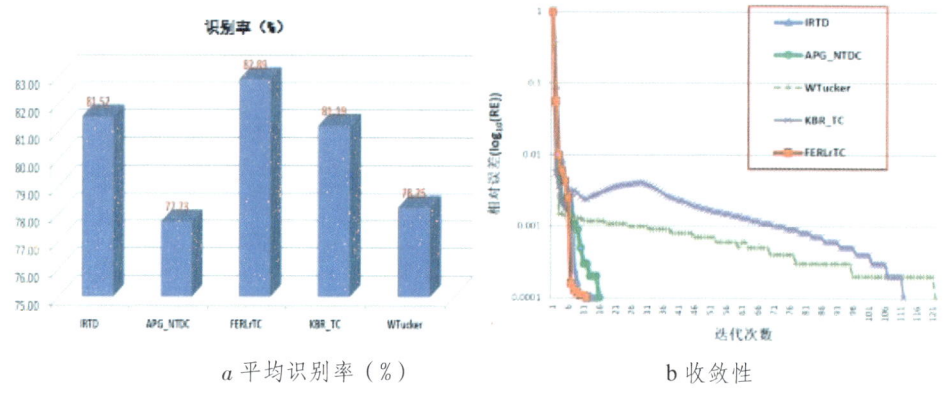

a 平均识别率（%） b 收敛性

图 3-4 通过实验设置 I 在 BU-3DFE 数据库上与 IRTD、APG_NTDC、WTucker 和 KBR_TC 进行比较

（2）RE：$RE = \left\| \widehat{\mathcal{X}^{[t]}} - \widehat{\mathcal{X}^{[t-1]}} \right\|_F / \left\| \mathcal{X}_0 \right\|_F$ 通常是用来验证算法的收敛性。从图 3-4b 我们可以观察到，RE 在多次迭代后以较快的速度收敛。比较结

果显示我们提出的算法具有较好的收敛性能,进一步说明了秩降低策略比 KBR_TC 采用的秩递增策略更有效。

图 3-5 与 IRTD、APG_NTDC、WTucker、KBR_TC 比较,因子矩阵 $\{U_n\}_{n=1}^{4}$ 在 BU-3DFE 数据库上设置 I 的秩的变化

(3) RV:图 3-5 为因子矩阵秩变化的比较结果。需要注意的是,通过 Tucker 分解,4D 张量数据的空间冗余信息反映在生成因子矩阵的空间结构中。因此,我们的目标是获得用于投影的因子矩阵的低秩性,进而达到 4D 张量

- 69 -

降维的目的。由图 3-5 可知，因子矩阵的秩变化是稳定的：① 表示样本数量的 U_4 变化最快，也验证了样本之间具有较高的相似性；② 表示特征种类数量的 U_3 变化较小；③ 显示二维特征大小的 U_1 和 U_2 变化速度比 U_4 慢。很明显，经过多次迭代后，因子矩阵的秩将不再改变。比较结果表明，我们提出的算法中因子矩阵的秩变化相比 IRTD 慢，这是因为相似性高的样本间所期望的低秩结构通过所涉及因子矩阵的低秩性和所涉及核张量的结构稀疏性来共同表征，有效地避免对因子矩阵过度裁剪。另一方面，基于秩递增的 KBR_TC 在低秩逼近时表现出在多线性秩近似方面的较差的性能。

（4）FR：图 3-6 分别给出了二维映射的原始特征、使用 LBP 描述子（以下简称 LBP 特征）的特征、随机选取 70% 采样率（Sampling Ratio，SR）的 LBP 特征以及 APG_NTDC、IRTD 和 FERLrTC 重构特征的示例。另外，WTucker 和 KBR_TC 未能成功进行人脸重建。同时我们可以很容易地看到，我们提出的算法 FERLrTC 的 LBP 特征可以通过超过 70% 的 SR 进行重构，原因在于 9 种没使用 LBP 描述符的特征包含了一些 NaN 值（即不确定的值），这些值为 3D 人脸表情数据映射到 2D 平面并处理为零。简而言之，我们所提出的方法获得了较好的重构结果，这表明我们所提出的方法可以利用高维张量中的更多信息。

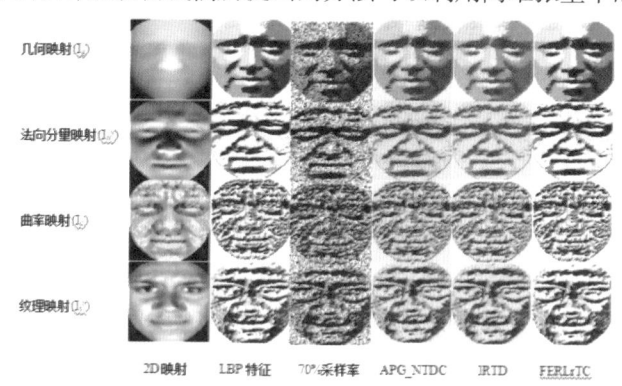

图 3-6 在 BU-3DFE 数据库上采用设置 I 的利用 70% 采样率对 LBP 特征重构的比较结果（图为样本对象 F0003 的第 4 级强度的愤怒表情）

此外，由于五种方法产生的五组识别率数据都是非正态分布，为了显示我们所提出的方法与其他方法的显著差异,我们使用 Wilcoxon ranksum 方法[149]检验其统计显著性。假设我们的方法和其他方法有一个相等的中位数,当设置显著性水平为 5% 时,我们使用 MATLAB 中的秩和函数分别对我们提出的算法与其他四种方法进行显著性检验。表 3-5 给出了比较结果。从表中我们可以看出,P 的值远小于 5% 和 H 的所有值都是 1,其中概率 P 是当零假设是真的,等于或超过实际上观察到的结果,并且假设为 5% 的显著性水平结果 $H=0$ 和 $H=1$ 分别说明接受和拒绝。我们知道,$P<0.05$ 和 $H=1$ 都表明在 5% 的显著性水平下拒绝了等中位数的原假设。同时我们可以观察到,比较方法的识别率越低,P 的生成值就越小。因此,我们提出的算法与其他方法具有显著的不同之处。

表 3-5 与 IRTD、KBR_TC、WTucker 和 APG_NTDC 的显著性检验

	IRTD	KBR_TC	WTucker	APG_NTDC
概率 P	1.85E-08	1.29E-08	3.15E-54	2.01E-67
显著性水平结果 H	1	1	1	1

3.6.3.4 与其他方法的比较

为了全面评价我们所提的方法(FERLrTC)的有效性,我们将其与一些最新的方法在数据模态、表情特征、分类器和识别率四个方面进行比较,如表 3-6a 所示。结果表明,与目前所有先进的方法比较,我们提出的算法(FERLrTC)在设置 I、II、III 和 V 上,分别获得 82.89%,80.91%,78.96% 和 95.28% 的较高识别率。从表 3-6a 可以看出,利用不稳定实验方案(即设置 V)[24,150-151] 得到的识别率与使用更稳定的实验方案(即十折或二十折交叉验证)相比,例如设置 I,识别率下降幅度超过 20%。因此,我们可以看到,我们提出的算法可以在不同的设置下获得稳定较好的性能。

虽然我们提出的基于 Tucker 分解的方法(FERLrTC)通过使用设置 I、II 和 III 在表 3-6a 中优于最新的方法,但仍有一些优于我们的方法在表 3-6b 中。如我们所知,表 3-6b 所示的方法,由于样本较大,网络构建的复杂度也较高,可以通过特征向量化并将其进行连接产生较高的识别率,如文献

[30,32,34,43,137],或人脸标定点定位[34]。此外，与表3-6b的方法相比，我们的方法需要更少的参数，更低的复杂性，更少的样本且不需要标定点定位。虽然我们的方法与表3-6b的方法在识别率上有一定的差距，但是如何提高识别率是我们未来的努力方向之一。

表3-6 在BU-3DFE数据库上与先进的方法进行数据模态、表达特征、分类器和准确性的比较（T表示重复次数）

a

方法	数据	特征	分类器	设置I (%)	设置II (%)	设置III (%)	设置V (%)
Wang 等[24]	3D	curvatures/histogram	LDA	61.79	–	–	83.60 (20T)
Soyel 等[151]	3D	points/distance	NN	67.52	–	–	91.30 (10T)
Tang 等[150]	3D	points/distance	LDA	74.51	–	–	95.10 (10T)
Gong 等[152]	3D	depth/PAC	SVM	76.22	–	–	–
Berretti 等[153]	3D	depth/SIFT	SVM	–	77.54	–	–
Li 等[154]	3D	normals/LBP	MKL	–	80.14	78.5	–
Zeng 等[158]	3D	curvatures/LBP	SRC	–	70.93	–	–
Lemaire 等[33]	3D	mean curvature/HOG	SVM	–	76.61	–	–
Yurtkan 等[155]	3D	points/histogram	SVM	–	–	–	88.28 (8T)
Yurtkan 等[156]	3D	points/histogram	SVM	–	–	–	90.8 (10T)
Azazi 等[57]	3D	landmark	RBF-SVM	–	79.36	–	–
Fu 等[159]	3D	normals, curvature	NN	–	–	–	85.802 (10T)
Zhao 等[42]	3D	intensity, coordinates, shape index/LBP	BBN	–	–	–	82.30 (10T)
FERLrTC	2D+3D	depth, normals, curvatures, textures/LBP	SVM	82.89	80.91	78.96	95.28 (10T)

续表

b

方法	数据	特征	分类器	设置Ⅰ(%)	设置Ⅱ(%)	设置Ⅲ(%)	设置Ⅴ(%)
Yang 等[32]	3D	depth, normals, shape index/scattering	SVM	84.80	82.73	—	—
Li 等[34]	2D+3D	meshHOG/SIFT, meshHOS/HSOG	SVM	86.32	—	80.42	—
Li 等[30]	2D+3D	32-D deep feature, 6-D deep feature	SVM Softmax	86.86 86.20	—	81.04 81.33	—
Chen 等[43]	3D	deep feature	Softmax	86.67	85.96	—	—
Jiao 等[46]	2D+3D	Deep feature (CNN)	Softmax	89.11	—	—	—
Yao 等[137]	2D+3D Static+ Dynamic	NOM Static+-Dynamic,SIM Static+Dynamic,Static +Dynamic 3D Static+ Dynamic,2D Static+ Dynamic	MKL	—	90.12	—	—

与此同时,我们提出的算法也与基于模型的最先进的方法进行了比较。比较结果见表3-7,所有算法仅运行10次。数据包括单模态(3D)和多模态(2D+3D)。从表3-7可以看出,除了方法[38]之外,基于特征的方法性能优于基于模型的方法。在方法[38]中,它需要在一些关键区域周围手工标注关键点,并在人脸数据之间进行密集的对应,以达到更好的识别精度。然而,我们提出的方法对拓扑变化不敏感,不需要人脸数据与人工标注之间的密集对应关系,而这正是基于模型的方法在实际应用中经常需要的。

表3-7 在BU-3DFE数据库上基于模型的最先进的方法的比较

方法	数据	研究方法	设置V(%)
Soyel 等人[160]	3D	Neural network	87.9(10T)
Tang 等人[161]	3D	SVM	94.7(10T)
Tang 等人[150]	3D	AdaBoost	87.1(10T)
Mpiperis 等人[39]	3D	Bilinear model	90.5(10T)
Zhao 等人[42]	2D+3D	BBN+SFAM	87.2(10T)

续表

方法	数据	研究方法	设置 V（%）
Zhen 等[38]	3D	Logistic, Regression	96.4（10T）
FERLrTC	2D+3D	depth, normals, curvatures, textures/LBP	95.28（10T）

综上所述，本书提出的算法与其他张量算法、其他方法（非张量算法的方法）进行全面比较的结果表明，本文提出的算法在与其他张量算法在识别率、相对误差、因子矩阵秩的变化和人脸重构的四个方面的比较中显示出了较好的识别效果、算法的收敛性能和人脸重建效果，并且相似性高的样本间所期望的低秩结构能通过所涉及因子矩阵的低秩性和所涉及核张量的结构稀疏性来共同表征，秩降低策略（RRS）能有效地避免因子矩阵的过度裁剪。因此，本文提出的用于多模态人脸表情识别的低秩张量完备性模型比其他比较方法更有效，并且识别结果与其他比较方法存在着显著性差异。在与其他张量算法比较中，本文提出的算法在不同的实验设置下也获得稳定良好的性能。再加上本文提出的算法需要更少的参数、更低的复杂性、更少的样本和不需要关键点定位，因此本文提出的算法具有一定的竞争力。但是本文的方法与一些先进的方法在识别率上有一定的差距，如何提高识别率是我们未来的研究方向之一。

3.6.4 在 Bosphorus 数据库上的实验结果

3.6.4.1 实验设置及其结果

本文使用设置 IV 进行特征融合的平均混淆矩阵见表 3-8。从这张表中，我们可以看出：①高兴的表情最容易识别，而恐惧的表情最难识别；②厌恶、悲伤、恐惧表情的识别率值均低于 67.10%；③愤怒、厌恶和恐惧的表情可以被混淆为任何其他表情；④恐惧表情和惊讶表情的相互混淆概率高于其他表情。同时，愤怒表情和悲伤表情的混淆也是如此。从图 3-7 中我们可以看出，同一个人的恐惧和惊讶对之间只有非常微小的差异，愤怒和悲伤对之间也只有非常微小的差异。因此，与本章的 BU-3DFE 数据库相比，

Bosphorus 数据库的人脸表情识别非常困难。

表 3-8 使用设置 IV 在 Bosphorus 数据库上进行特征融合人脸表情识别的平均混淆矩阵

%	愤怒	厌恶	恐惧	高兴	悲伤	惊讶
愤怒	77.37	6.23	3.23	0.13	12.91	0.13
厌恶	11.43	67.03	5.70	5.23	7.87	2.74
恐惧	7.63	4.87	63.83	1.53	1.61	20.53
高兴	0.00	3.57	1.73	92.97	0.00	1.73
悲伤	15.03	11.80	5.67	0.00	65.97	1.53
惊讶	1.73	3.97	5.67	0.23	0.00	88.40
设置 IV	75.93					

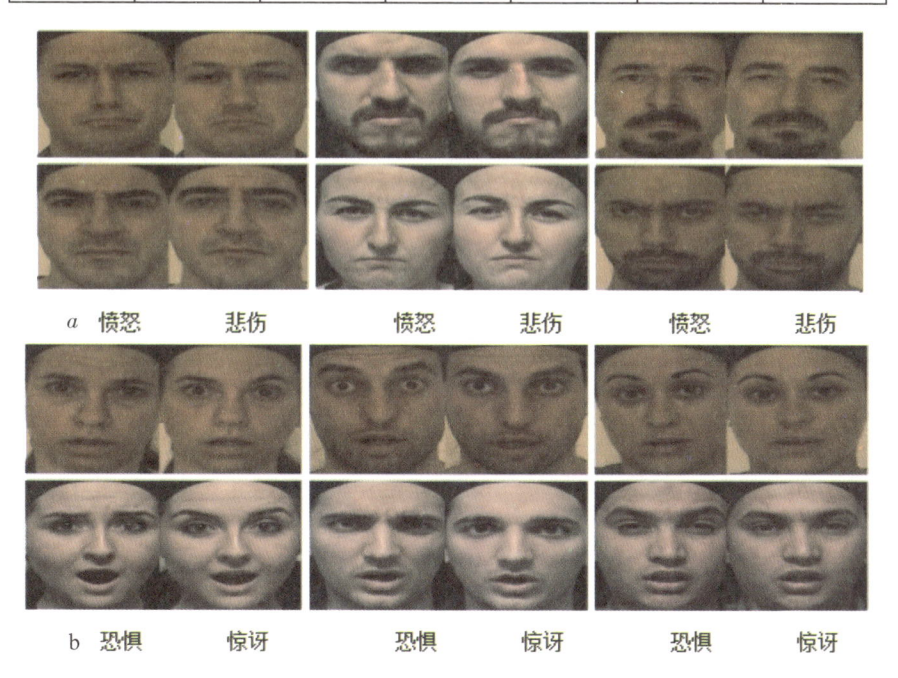

图 3-7 Bosphorus 数据库中的 12 对二维纹理图像

3.6.4.2 与其他方法进行比较

表 3-9 显示了我们提出的算法与最新方法[27,154]的比较结果。我们将这些算法从数据模态、表情特征、分类器和识别率四个方面在 Bosphorus 数据库上与我们提出的算法进行了比较。从表 3-9 中，我们可以很容易地发现，方法[27]的准确率最低，而方法[154]和我们提出的算法得到的结果非常相似（75.83% 与 75.93%）。因此，三种方法中，我们所提出的方法在 Bosphorus 数据库上通过设置 IV 获得了最好的结果。

表 3-9 在 Bosphorus 数据库上采用设置 IV 与最先进的方法从数据模态、表情特征、分类器和识别率方面比较

方法	数据	特征	分类	设置 VI(%)
Li 等 [154]	3D	normals/LBP	MKL	75.83
Ujir 等 [27]	3D	surface normals	AdaBoosting	63.63
FERLrTC	2D+3D	depth, normals, curvatures, textures/LBP	SVM	75.93

3.6.5 合成数据对 FERLrTC 算法的验证

在这一小节中，本文用合成数据对 FERLrTC 算法在低秩估计和张量完备性方面进行了实验验证。

3.6.5.1 合成方法

在本小节中，本文对大小为 $10 \times 20 \times 30$ 的合成三阶张量和大小为 $20 \times 20 \times 3 \times 50$ 的四阶张量进行了 FERLrTC 的验证。基于 Tucker 分解模型，在无噪声条件下，利用随机核张量乘以随机因子矩阵沿各模相乘合成三阶张量与四阶张量。注意：核张量和所有因子矩阵都是从正态分布中得到的。根据三阶和四阶张量分别生成两个核张量，假设它们的大小分别为（3,4,5）和（8,8,2,10），显然，这些合成的张量的真秩分别是（3,4,5）或（8,8,2,10）。

3.6.5.2 比较算法和实验设计

本文选择了五种张量算法参与比较，即 APG_NTDC、IRTD、

WTucker、HaLRTC[72]和KBR_TC，并在随机选取30%，50%和80%采样率下与FERLrTC进行比较。HaLRTC在张量核范数的基础上，提出了一种对可视化张量数据中估算缺失数据的张量完备性方法。注意到HaLRTC不提供一个明确的多线性秩估计。对于每个算法实验，其最终结果通过独立运行100次得到。

3.6.5.3 参数设置

在本文的实验中，每个算法的参数设置都根据其对应文献的合成数据参数建议进行了调整，设置如下：

（1）APG_NTDC，$\lambda_n (n=1,2,3)$ 和 λ_c 均设为0.2，预定义的多重线性秩分别设为（3,4,5）和（8,8,2,10）。

（2）IRTD，我们设 $\lambda_1=0.1$，$\lambda_2=1$ 和 $\gamma=1e-2$。

（3）WTucker，我们预定义了多重线性秩分别为（6,8,10）和（12,12,5,15）。

（4）HaLRTC，$\rho=1e-5$。

（5）KBR_TC，λ，c，v，ρ 和 μ 分别设置为1e-1，1e-3，0.1，1.05和1e-5。

（6）FERLrTC，对于三阶张量，我们设 w1=1e-2，w2=5e-3，a1=0.07，a2=4，a3=8。同时，θ 值的0.8333，0.8976和0.9583分别对应于30%，50%和80%的采样率。对于四阶张量，w1、a1、a2、a3、a4、和w2分别设为1e-3，0.7，0.7，10，0.1和0.88。同时，θ 值为0.7143，0.8462和0.9333分别对应30%，50%和80%的采样率。其他参数与本节中的初始化设置相同。

3.6.5.4 合成数据的结果

表3-10显示了IRTD、APG_NTDC、WTucker、HaLRTC、KBR_TC和我们提出的算法（FERLrTC）在恢复精度（RSE）、运行时间和秩三方面在三阶张量为10×20×30和四阶张量为20×20×3×50的合成数据独立运行

100次的比较。

由表3-10可以看出：

（1）FERLrTC在大多数情况下对三阶或四阶张量的张量完备性方面表现出最好的性能。此外，FERLrTC还能可靠地估计三阶和四阶张量的真秩。与其他比较算法相比，FERLrTC的运行时间最短。

（2）与IRTD相比，FERLrTC在恢复精度、运行时间和秩上表现出了更好的性能优势。比较结果表明，潜在的低秩结构完全可以被Tucker分解产生的因子矩阵的低秩结构与产生的核张量的结构稀疏性共同刻画。这种低秩结构比IRTD更具有刻画性，这是因为IRTD采用了Tucker分解的方法将生成的核张量的结构稀疏性与生成的因子矩阵上的Frobenius范数结合起来。

（3）FERLrTC大大超过APG_NTDC、WTucker和HaLRTC，特别是当采样率小于50%时。这证明了该方法的低秩张量完备性模型比其他三种算法更有效。同时，这也体现了秩降低策略的有效性。

（4）FERLrTC在大多数情况下在恢复精度、运行时间、秩等方面都优于KBR_TC，特别是在估计高阶张量的真秩方面比KBR_TC的秩递增方案具有更大的优势，说明本文的建立的低秩张量完备性模型和采用的秩降低策略更有效的。

表3-10 合成张量在恢复精度、运行时间和秩方面的比较

(a) 张量大小：10×20×30

方法	30%（采样率）			50%（采样率）			80%（采样率）		
	恢复精度	运行时间	秩	恢复精度	运行时间	秩	恢复精度	运行时间	秩
APG_NTDC	0.9806	0.1613	(3 4 5)	0.9738	0.2473	(3 4 5)	0.9580	0.3050	(3 4 5)
IRTD	0.2179	10.2250	(3 4 4)	0.0951	9.5803	(3 4 5)	0.0432	9.1732	(3 4 5)

续表

(a) 张量大小：10×20×30

HaLRTC	0.8816	1.6851	–	0.8234	1.7429	–	0.6734	1.8132	–
WTucker	0.7376	174.607	(6 8 10)	0.0176	163.302	(6 8 10)	0.0076	119.162	(6 8 10)
KBR_TC	0.2051	9.0345	(10 20 30)	0.0915	7.2404	(10 20 30)	0.0403	2.6978	(10 20 30)
FERLrTC	0.0086	0.0393	(3 4 5)	0.0035	0.0395	(3 4 5)	0.0029	0.0397	(3 4 5)

(b) 张量大小：20×20×3×50

	30%（采样率）			50%（采样率）			80%（采样率）		
方法	恢复精度	运行时间	秩	恢复精度	运行时间	秩	恢复精度	运行时间	秩
APG_NTDC	0.0993	0.6063	(8 8 2 10)	0.0989	0.6665	(8 8 2 10)	0.0983	0.2464	(8 8 2 10)
IRTD	0.0277	45.2841	(8 8 2 10)	0.0134	41.1770	(8 8 2 10)	0.0079	50.2860	(8 8 2 10)
HaLRTC	0.8660	5.9706	–	0.6933	5.7456	–	0.4082	5.3583	–
WTucker	0.2540	186.505	(12 12 3 15)	0.0212	87.3351	(12 12 3 15)	0.0062	44.2379	(12 12 3 15)
KBR_TC	0.0167	10.2123	(20 20 3 50)	0.0124	17.7085	(20 20 3 50)	0.0089	17.5450	(20 20 3 50)
FERLrTC	0.0256	0.1677	(8 8 2 10)	0.0120	0.1378	(8 8 2 10)	0.0053	0.0763	(8 8 2 10)

下一小节将对我们提出的算法进行讨论。

3.7 对FERLrTC算法的讨论

本小节将讨论三个问题：基于特征融合的4D张量模型在2D+3D人脸

表情识别算法中的有效性、特征描述符的选择、2D+3D 人脸表情算法的秩降低策略的有效性。

3.7.1 基于特征融合的 4D 张量模型的有效性

为了更好地预测人脸表情，本文选择了一些基于 LBP 描述子的鉴别性特征，如几何映射 I_g、三种方向的法向量映射 I_n^x、I_n^y 和 I_n^z，曲率映射（即曲率 I_c 和平均曲率 I_{mc}），3 通道二维纹理信息 I_c^r, I_c^g 和 I_c^b。同时，将 9 个特征进行直接叠加，构建基于特征融合的 4D 张量模型。

表 3-11 BU-3DFE 数据库中每个单一特征通过设置 I、II 和 III 进行比较

%	I_g	I_n^x	I_n^y	I_n^z	I_c
设置 I	71.36	71.62	72.81	71.22	72.54
设置 II	70.27	70.39	71.35	70.15	71.23
设置 III	69.37	70.12	69.48	69.16	69.29
%	Imc	Icr	Icg	Icb	All
设置 I	70.83	71.03	71.25	72.38	82.89
设置 II	68.09	70.15	70.69	71.19	80.91
设置 III	67.38	68.46	68.61	69.17	78.96

表 3-12 在 Bosphorus 数据库上采用设置 IV 每个单一特征进行比较

%	I_g	I_n^x	I_n^y	I_n^z	I_c
设置 IV	70.47	69.15	69.75	69.39	68.46
%	Imc	Icr	Icg	Icb	All
设置 IV	67.31	64.53	64.85	65.68	75.93

表 3-13 在 BU-3DFE 数据库上采用设置 I 一次排除一个特征的识别率

%	I_g	I_n^x	I_n^y	I_n^z	I_c
设置 I	80.21	80.06	79.29	80.89	79.61

续表

%	I_g	I_n^x	I_n^y	I_n^z	I_c
差异	-2.68	-2.83	-3.60	-2.00	-3.28
%	Imc	Icr	Icg	Icb	All
设置 I	80.20	80.55	80.13	79.50	82.89
差异	-2.69	-2.34	-2.76	-3.39	0.00

表 3-11 显示了本文提出的算法在 BU-3DFE 数据库上通过设置 I、II 和 III 使用 LBP 描述符的 6 个表情的识别率（RA）。由表 3-11，我们可以看出：①在设置 I 和 II 下，法向量映射 I_n^y、曲率映射 I_c 和纹理映射 I_c^b 的识别效果一般优于其他人脸属性特征，而在设置 III 中，法向量映射 I_n^x 的识别率最好；②将所有 9 个属性特征融合得到最佳性能；③ 这些结果表明，对人脸表情识别来说，不同的特征实际上体现了二维和三维数据之间存在着大量的补充信息。

表 3-12 显示了本文提出的算法（FERLrTC）与 Bosphorus 数据库上单一特征的比较结果。除了第一个结论，其他与 BU-3DFE 数据库结论类似。很明显，几何映射 I_g 的表现优于其他人脸属性特征。

在一次排除一个特征的情况下，本文进行了 9 个实验来验证组合的有效性。表 3-13 显示了在设置 I 的 BU-3DFE 数据库上一次性排除一个特征的识别率及其与设置 I 中平均识别率 82.89% 的差异。从表中，我们可以很容易地看出，差异在 [-3.60,-2.00] 范围内，其中 I_n^y 和 I_n^z 的差异分别为最小与最大。该比较结果充分体现了不同模式的互补性和验证 9 种特征中的任何一种都不能被排除。从表 3-11、表 3-12、表 3-13 可以看出，利用基于特征融合的 4D 张量模型识别率优于其他任何单一特征。

3.7.2 特征描述符的选择

众所周知，还有其他流行的局部描述符，如 Dense-SIFT[162]、HOG[163] 和 Gabor[164]。在此，我们所提出的方法是通过设置 I 在 BU-3DFE 数据库上分别使用三种描述符提取 9 种特征，与 LBP 描述符的比较结果如表 3-14 所示。从表中，我们可以很容易看出，LBP 和 Dense-SIFT 的表现优于 Gabor 和 HOG。其中，LBP 的识别率最高，为 82.89%，Dense-sift、HOG 和 Gabor 的识别率分别为 1.73%、11.32% 和 5.17%。因此，LBP 描述符在图像分块中对其局部结构进行编码是有效和高效的[137]。

表 3-14　利用设置 I 在 BU-3DFE 数据库中比较不同的特征描述符

特征描述子	HOG	Gabor	Dense-SIFT	LBP
识别率（%）	71.57	77.72	81.16	82.89

3.7.3　秩降低策略的有效性

为了验证秩降低策略在 2D+3D 人脸表情识别中的有效性，本文比较了秩降低策略与无秩降低策略时的性能。本文的实验在设置 I 的 BU-3DFE 数据库上进行，表 3-15 给出了每次迭代的识别率、迭代次数和计算代价的比较结果。从表中，我们可以看出，使用秩降低策略（RRS）的识别率比不使用 RRS 的提高了 0.33%，而使用 RRS 对应的迭代次数比不使用 RRS 的少了 24 次。同时，采用 RRS 算法，每次迭代的计算代价比没使用 RRS 时更低。因此，在 FERLrTC 算法中使用 RRS 达到更好的性能结果，这充分说明了使用 RRS 不仅可以为 2D+3D 人脸表情识别保留因子矩阵和核张量较强的相互作用，而且还加速收敛过程。

表 3-15　在 BU-3DFE 数据库上采用设置 I 对识别率、迭代次数和每次迭代的计算代价进行比较

方法	识别率	迭代次数	每次迭代的计算代价
使用秩降低策略	82.89%	12	$O(\sum_{n=1}^{4}(\prod_{k=1}^{n}I_k)(\prod_{j=n}^{4}R_j)+\sum_{n=1}^{4}(\prod_{k=1}^{n}R_k)(\prod_{j=n}^{4}I_j))$
不使用秩降低策略	82.56%	36	$O(2(\prod_{n=1}^{4}I_n)(\prod_{n=1}^{4}I_j))$

3.8 本章小结

本章基于 2D 人脸图像和 3D 人脸模型的多模态数据建立了一个新的 4D 张量模型，以探索有效的结构信息和它们之间的相关性。接着本文提出了一种新的基于低秩张量完备性（FERLrTC）的张量分解算法，并运用于 2D+3D 人脸表情识别。在 BU-3DFE 和 Bosphorus 数据库上的数值结果显示人脸表情分类的准确性得到了提高，在 BU-3DFE 数据库和合成数据的实验结果表明张量完备性能力得到了增强。同时合成数据也表明，与现有的方法相比，本文提出的算法具有较好的性能。实验结果充分说明了 Tucker 分解作为一种强大的降维技术能够捕获 4D 张量的低秩结构，生成的低维特征在张量子空间中能较好地反映原始 4D 张量数据的本质。如何让 4D 张量表情样本通过张量分解后提取的低维特征在张量子空间中也表现相似，我们将在下一章——基于先验信息的正交张量分解算法中介绍。

4 基于先验信息的正交张量补全

在本章中，本文将介绍基于先验信息的正交张量补全算法（Orthogonal Tucker Decomposition Using Factor Priors for 2D+3D Facial Expression Recognition，OTDFPFER）。

4.1 引言

第三章中，基于低秩张量完备性（FERLrTC）的张量分解算法虽然能通过对建立的4D张量分解的因子矩阵的低秩性结构和核张量的稀疏性刻画4D张量样本的相似性，并取得较好的人脸表情识别效果。但是，该算法并未考虑4D张量表情样本通过张量分解后提取的低维特征在张量子空间中也表现相似的问题。

为了解决以上问题，本文提出基于先验信息的正交张量补全算法。内容包括算法背景、算法介绍、OTDFPFER算法的优化模型及其求解过程、OTDFPFER算法的分析、OTDFPFER算法的实验评价。

在4.2中，将介绍与我们提出的算法有关的相关算法背景。

4.2 算法背景

4.2.1 正交的Tucker分解

现给出一个N阶张量$\mathcal{X} \in \mathbb{R}^{I_1 \times I_2 \times \cdots \times I_k \times \cdots \times I_N}$，它的正交Tucker分解形式为：

$$\mathcal{X} = \mathcal{G} \prod_{n=1}^{N} \times_n U_n, U_n \in St(I_n, R_n), n=1,\cdots,N \qquad (4-1)$$

其中，$St(I_n, R_n) := \left\{ U_n \in \mathbb{R}^{I_n \times R_n} \middle| U_n^T U_n = I_{R_n} \right\}$ 是 Stiefel 流形[165]。

4.2.2 图嵌入正则化框架

基于张量分解的图嵌入正则化框架[117,120,127,166]，即将张量数据各模的相似性纳入张量分解中，将张量数据各模的相似矩阵导出的 Laplacians 图作为先验信息，迫使每模下的相似对象通过张量分解后的提取的低维特征在张量子空间中也表现相似，文献[120]最早提出利用辅助相似矩阵建立图嵌入正则化框架，表示如下：

$$\min_{\hat{\mathcal{X}}, \{W_n\}_{n=1}^N} \frac{1}{2} \|\mathcal{X} - \hat{\mathcal{X}}\|_F^2 + \frac{\alpha}{2} R(\mathcal{X}; W_1, W_1, \cdots, W_N) \quad (4-2)$$

其中，$\hat{\mathcal{X}} = \mathcal{G} \prod_{n=1}^{N} \times_n U_n$ 为 Tucker 分解用一个小的"核张量"和因子矩阵近似原始张量 $\mathcal{X}$，$W_n \in \mathbb{R}^{I_n \times I_n} (n=1,\cdots,N)$ 为对应于各模的非负对称的相似矩阵。正则化项 $R(\hat{\mathcal{X}}; W_1, W_1, \cdots, W_N)$ 采用"模内正则化"，即 $R(\hat{\mathcal{X}}; W_1, W_1, \cdots, W_N) = \sum_{n=1}^{N} Tr(U_n^T L_n U_n)$，其中，$L_n \in \mathbb{R}^{I_n \times I_n} (n=1,\cdots,N)$ 为由相似矩阵 W_n 导出的拉普拉斯矩阵，$Tr(\bullet)$ 表示矩阵的迹，$Tr(\bullet)$ 的值越小，样本越不相似。与此同时，

$$L_n = D_n - W_n \quad (4-3)$$

显示了样本的具有相似矩阵 W_n 的图的拉普拉斯矩阵 L_n 和对角线矩阵 D_n，且 $(D_n)_{ii} = \sum_j (W_n)_{ij}$。$(W_n)_{ij}$ 定义为余弦度量，表示如下：

$$(W_n)_{ij} = \begin{cases} \dfrac{\langle \mathcal{X}^{(i)}, \mathcal{X}^{(j)} \rangle}{\left(\|\mathcal{X}^{(i)}\| \cdot \|\mathcal{X}^{(j)}\| \right)} & \text{如果 } \mathcal{X}^{(i)} \in N_k(\mathcal{X}^{(j)}) \text{ 或者 } \mathcal{X}^{(j)} \in N_k(\mathcal{X}^{(i)}) \\ 0 & \text{其它} \end{cases} \quad (4-4)$$

其中，$\mathcal{X}^{(i)}$ 与 $\mathcal{X}^{(j)}$ 分别是第 i 和第 j 个样本，$N_k(\mathcal{X}^{(i)})$ 是一个邻域函数，它通常表示 $\mathcal{X}^{(i)}$ 的 k 近邻。因此，式 4-2 可简洁地以下面形式进行表示：

$$\min_{\mathcal{G}, \{U_n\}_{n=1}^N} \sum_{n=1}^{N} Tr(U_n^T L_n U_n)$$

$$s.t. \ \mathcal{X} = \mathcal{G} \prod_{n=1}^{N} \times_n U_n, U_n \in St(I_n, R_n), n=1,\cdots,N \quad (4-5)$$

下一小节将对我们提出的算法进行介绍。

4.3 算法介绍

为了解决 4D 张量表情样本通过张量分解后提取的低维特征在张量子空间中也表现相似的问题，本章提出了一种利用先验信息的正交张量补全算法（OTDFPFER），并进行 2D+3D 人脸表情识别。在本章中，我们将构建的 4D 张量的第 4 模的相似矩阵导出的 Laplacians 图作为先验信息（第 4 模表示样本信息），对第 4 模的因子矩阵 U_4 引入图嵌入正则化项，同时结合张量分解产生的核张量的结构稀疏性表征因 4D 张量建模中数据丢失而产生的样本之间相似性，保持了低维空间的一致性。由于涉及 l_0 范数和正交性约束，由此产生的张量优化问题通常是 NP 难的问题。我们采用对数和代入替换 l_0 范数，并且设计了优化最小化方案的交替方向法来获得原始优化模型的近似数值解，即取得要投影的因子矩阵。我们最后利用多类支持向量机进行了人脸表情预测，验证了该方法的有效性，其详细的流程如图 4-1 所示。

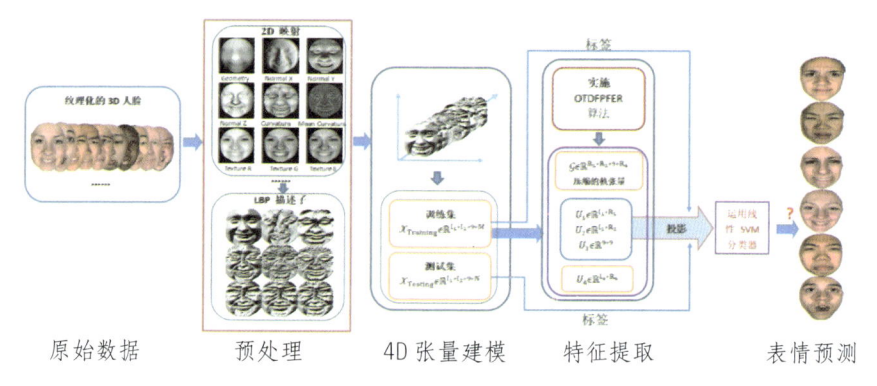

图 4-1 基于先验信息的正交张量的 2D+3D 人脸表情识别在 BU-3DFE 数据库上的流程图

下一小节将介绍我们提出算法的优化模型及求解过程。

4.4 OTDFPFER 算法的模型优化及求解

本小节提出了一种基于先验信息的正交张量补全算法（OTDFPFER）

并用于2D+3D人脸表情识别。

4.4.1 OTDFPFER算法的优化模型的建立

我们首先如3.4.1所述的方法构建一个4D张量$\mathcal{X}_0 \in \mathbb{R}^{I_1 \times I_2 \times N \times M}$。我们的目标是通过$\mathcal{X}_0$的Tucker分解得到一组因子矩阵$\{U_n\}_{n=1}^{4}$，并将它们投影到$\mathcal{X}_0$中进行分类预测。在4D张量建模过程中，当我们将三维人脸表情数据投影到二维平面时，产生了一些NaN值（即不确定的值）被处理为零，因而部分信息被丢失。将所有的样本提取的N个特征按照张量的四阶进行直接叠加，从而产生样本之间的高度相似性（第4模表示样本信息）。我们尝试通过一个适当4D张量$\mathcal{X}$的正交Tucker分解以恢复$\mathcal{X}_0$，表示如下：

$$\mathcal{X} = \mathcal{G} \prod_{n=1}^{N} \times_n U_n \quad U_n^T U_n = I_{R_n}, n=1,\cdots,N \quad （4-6）$$

其中，$\mathcal{G} \in \mathbb{R}^{R_1 \times R_2 \times R_3 \times R_4}$为核张量。我们借助于正交Tucker分解后的核张量$\mathcal{G}$的低秩性来刻画样本之间的高度相似性。若核张量$\mathcal{G}$在$R_n \leq I_n (n=1,2,3,4)$上有一个低秩性，那么它的结构稀疏性的形式$\sum_{n=1}^{4}\left\|\left[\mathcal{G}_{(n)} * \mathcal{G}_{(n)}\right]e\right\|_0$为相对小的值，其中$e$是一个值都为1的向量。此外，由于样本相似性也可以通过反映样本之间关系的图的拉普拉斯矩阵和反映构建的4D张量的第4模样本信息变化的第4项因子矩阵相结合，通过$Tr(U_4^T L U_4)$正则项与公式4-3中定义的对应图Laplacian矩阵L来体现。因此，要求该项的值尽可能小，这样可以更好地让相似样本更相似，分离不相似样本，实现4D张量表情样本通过张量分解后提取的低维特征在张量子空间中也表现相似。由于U_4为第4模样本信息的主成分，它的行对应着样本的低维近似，因此样本的相似性在低维空间得到保持。利用核张量的结构稀疏性和图正则项来表征所涉及的样本相似性，我们得到的张量补全模型为：

$$\min_{\mathcal{G},\{U_n\}_{n=1}^4,\mathcal{X}} \sum_{n=1}^{4}\left\|\left[\mathcal{G}_{(n)}*\mathcal{G}_{(n)}\right]e\right\|_0+\theta Tr(U_4^T L U_4)$$

$$s.t. \quad \mathcal{X}=\mathcal{G}\prod_{n=1}^{N}\times_n U_n, U_n\in St(I_n,R_n) \tag{4-7}$$

$$\mathcal{X}(\Omega)=\mathcal{X}_0(\Omega)$$

其中，Ω 为 $\mathcal{X}_0$ 中非零项的索引集，$\theta>0$ 为一个正则化参数。由于涉及 ℓ_0 范数和正交性约束，由此产生的张量优化问题通常是 NP 难的问题。因此，我们采用文献[167]所示的将 ℓ_0 范数替换成 log-sum 松弛策略，优化问题 4-7 的松弛对应项采用以下的形式：

$$\min_{\mathcal{G},\{U_n\}_{n=1}^4,\mathcal{X}} \sum_{n=1}^{4}\sum_{i=1}^{I_n}\log(\|\mathcal{G}_{(n,i)}\|^2+\varepsilon)+\theta Tr(U_4^T L U_4)$$

$$s.t. \quad \mathcal{X}=\mathcal{G}\prod_{n=1}^{N}\times_n U_n, U_n\in St(I_n,R_n) \tag{4-8}$$

$$\mathcal{X}(\Omega)=\mathcal{X}_0(\Omega)$$

4.4.2 OTDFPFER 算法的优化模型的求解

为了使优化问题 4-8 更易于处理，我们利用 Tikhonov 正则化方法将约束优化问题 4-8 转化为以下无约束优化问题，即将问题 4-8 转化为以下形式：

$$\min_{\substack{\mathcal{G},\{U_n\}_{n=1}^4,\mathcal{X}(\Omega)=\mathcal{X}_0(\Omega)\\U_n\in St(I_n,R_n)}} \mathcal{L}(\mathcal{G},\{U_n\}_{n=1}^4,\mathcal{X})=$$

$$\sum_{n=1}^{4}\sum_{i=1}^{I_n}\log(\|\mathcal{G}_{(n,i)}\|^2+\varepsilon)+\theta Tr(U_4^T L U)+\frac{\beta}{2}\left\|\mathcal{X}-\mathcal{G}\prod_{n=1}^{N}\times_n U_n\right\|_F^2 \tag{4-9}$$

其中，β 是核张量的稀疏性和拟合误差之间的权衡参数。于是采用交替方向法（Alternating Direction Method，ADM）[168]处理这类非凸非线性张量优化问题，即将含有多变量的复杂问题分离成易解决的子问题并进行迭代求解，且分离的子问题对应的目标函数是凸函数。其基本的迭代策略如下：

$$\begin{cases} \mathcal{G}^{[t+1]} \approx \arg\min_{\mathcal{G}} \mathcal{L}(\mathcal{X}, \{U_n^{[t]}\}_{n=1}^4, \mathcal{X}^{[t]}) \\ U_1^{[t+1]} \approx \arg\min_{U_1 \in St(I_1, R_1)} \mathcal{L}(\mathcal{G}^{[t+1]}, U_1, \{U_k^{[t]}\}_{k=2}^4, \mathcal{X}^{[t]}) \\ \vdots \\ U_4^{[t+1]} \approx \arg\min_{U_4 \in St(I_4, R_4)} \mathcal{L}(\mathcal{G}^{[t+1]}, \{U_k^{[t+1]}\}_{k=1}^3, U_4, \mathcal{X}^{[t]}) \\ \mathcal{X}^{[t+1]} \approx \arg\min_{\mathcal{X}} \mathcal{L}(\mathcal{G}^{[t+1]}, \{U_k^{[t+1]}\}_{k=1}^4, \mathcal{X}) \end{cases}$$

4.4.2.1 核张量的优化

根据第三章中 $\sum_{n=1}^{4}\sum_{i=1}^{I_n}\log(\|\mathcal{G}_{(n,i)}\|^2+\varepsilon)$ 函数的优化方案，我们也采用优化最小化方法（MM），即用一个简单的代理函数优化给定的目标函数，并实现迭代最小化。MM 方法的优点是在迭代过程中，代理函数产生一个非递增的目标函数值，最终收敛到一个给定的目标函数一个稳定点。

优化问题 4-9 中定义的 $\mathcal{L}(\mathcal{G}, \{U_n\}_{n=1}^4, \mathcal{X})$ 的代理函数如下：

$$\mathcal{Q}(\mathcal{G}, \{U_n\}_{n=1}^4, \mathcal{X}|\mathcal{G}^{[t]}) =$$

$$\langle \mathcal{G}, \mathcal{D}^{[t]} * \mathcal{G} \rangle + \theta Tr(U_4^T L U_4) + \frac{\beta}{2}\left\|\mathcal{X} - \mathcal{G}\prod_{n=1}^{N}\times_n U_n\right\|_F^2 + \xi \quad （4-10）$$

$$\geq \mathcal{L}(\mathcal{G}, \{U_n\}_{n=1}^4, \mathcal{X}) \quad （4-11）$$

并且当核张量 $\mathcal{G} = \mathcal{G}^{[t]}$ 时，$\mathcal{L}(\mathcal{G}^{[t]}, \{U_n\}_{n=1}^4, \mathcal{X}) = \mathcal{Q}(\mathcal{G}^{[t]}, \{U_n\}_{n=1}^4, \mathcal{X}|\mathcal{G}^{[t]})$ 同时 $\mathcal{D}^{[t]} \in \mathbb{R}^{R_1 \times R_2 \times R_3 \times R_4}$ 是一个与核张量 $\mathcal{G}$ 大小一样的张量，它的第（$i_1, \cdots i_n, \cdots i_4$）元素为：

$$\mathcal{D}_{i_1,\cdots,i_n,\cdots i_4}^{[t]} = \sum_{n=1}^{4}\sum_{i=1}^{I_n}(\|\mathcal{G}_{(n,i_n)}\|_F^2 + \varepsilon)^{-1} \quad （4-12）$$

因此，对于当前迭代 $(\mathcal{G}^{[t]}, \{U_n^{[t]}\}_{n=1}^4, \mathcal{X}^{[t]})$，这部分的更新可以表示为：

$$\mathcal{G}^{[t+1]} = \arg\min_{\mathcal{G}} \mathcal{Q}(\mathcal{G}, \{U_n^{[t]}\}_{n=1}^4, \mathcal{X}^{[t]}|\mathcal{G}^{[t]}) =$$

$$\langle \mathcal{G}, \mathcal{D}^{[t]} * \mathcal{G} \rangle + \frac{\beta}{2}\left\|\mathcal{X} - \mathcal{G}\prod_{n=1}^{N}\times_n U_n\right\|_F^2 \quad （4-13）$$

令 $g \triangleq vec(\mathcal{G}), D \triangleq \text{diag}(vec(\mathcal{D}^{[t]})), x \triangleq vec(\mathcal{X}), H \triangleq (\otimes_n U_n)$ 式4-13的问题转化为以下优化问题：

$$\min_g \frac{\beta}{2}\|x - Pg\|_2^2 + g^T Dg \tag{4-14}$$

很明显，问题4-14有一个唯一的最优解决方案 g^*，即：

$$g^* = (I + \frac{2D}{\beta})^{-1} P^T x \tag{4-15}$$

因此，张量形式的更新可以表示为：

$$\mathcal{G}^{[t+1]} = ten(g^*) \tag{4-16}$$

其中，$ten(\cdot)$ 将一个向量以适当的方式转换为张量的映射。

4.4.2.2 因子矩阵的优化

令 $\{n_k\}_{k=1}^4$ 为 $\{1,2,3,4\}$ 任意给出的排列，借助公式：

$$\mathcal{Y} = \mathcal{S} \times_n V \Leftrightarrow Y_{(n)} = VS_{(n)} \tag{4-17}$$

于是因子矩阵 U_{n_i} 可以通过以下更新：

$$U_{n_i}^{[t+1]} = \arg\min_{U_{n_i} \in St(I_{n_i}, R_{n_i})} \theta Tr(U_4^T L U_4) + \frac{\beta}{2}\|U_{n_i}\Phi_{n_i} - \mathcal{X}_{(n_i)}\|_F^2 \tag{4-18}$$

其中，$\Phi_{n_i} = (\mathcal{G} \prod_{k=1,k\neq n_i}^4 \times_k U_{n_k})_{(n_i)}$。因此，我们将式4-18转换成以下问题：

$$\max_{U_{n_i}^T U_{n_i} = I_{R_i}} \langle A_{n_i}, U_{n_i} \rangle \tag{4-19}$$

其中，$A_{n_i} = \begin{cases} \mathcal{X}_{(n_i)}\Phi_{n_i}^T & n_i = 1,2,3 \\ \beta\mathcal{X}_{(n_i)}\Phi_{n_i}^T - \theta LU_{n_i} & n_i = 4 \end{cases}$。为了更好地求解式4-19，我们首先介绍 von Neumann 的迹不等式[169]。

引理4-1 von Neumann 的迹不等式：给出任意两个矩阵 $B, C \in \mathbb{R}^{I \times J}$，$\sigma(B) = [\sigma_1(B), \sigma_2(B), \cdots, \sigma_r(B)]^T$ 和 $\sigma(C) = [\sigma_1(C), \sigma_2(C), \cdots, \sigma_r(C)]^T$ 分别对 B 和 C 进行奇异值分解（Singular Value Decomposition，SVD）后的前 r 个由大到小排列的奇异值组成的向量，其中，r 为 I 和 J 的较小值。因此，下列不等式成立：

$$\left|tr(B^TC)\right| \leq \sigma(B)^T\sigma(C) \quad (4\text{-}20)$$

当 B 和 C 有相同的左、右奇异矩阵时，式 4-20 的等式成立。

由于 $\langle A_{n_i}, U_{n_i}\rangle = tr(A_{n_i}^T U_{n_i})$，问题 4-19 通过式 4-20 可以取得它的上界，很容易地用下面的公式解决：

$$U_{n_i} = B_{n_i} C_{n_i} \quad (4\text{-}21)$$

其中，B_{n_i} 和 C_{n_i} 分别为 A_{n_i} 进行奇异值分解（SVD）后的左、右奇异矩阵。

4.4.2.3 重建的 4D 张量的优化

给出 $\mathcal{G}$ 和 $\{U_n\}_{n=1}^4$，重建的 4D 张量 $\mathcal{X}$ 的更新可以通过解决以下问题获得：

$$\min_{\mathcal{X}} \left\|\mathcal{X} - \mathcal{G}\prod_{n=1}^4 \times_n U_n\right\|_F^2 \quad s.t. \quad \mathcal{X}(\Omega) = \mathcal{X}_0(\Omega) \quad (4\text{-}22)$$

通过投影性质，$\mathcal{X}$ 的唯一最优解可轻松通过以下形式获得：

$$\begin{cases} \overline{\Omega}(\mathcal{X}) = \overline{\Omega}(\mathcal{G}\prod_{n=1}^4 \times_n U_n) \\ \Omega(\mathcal{X}) = \Omega(\mathcal{X}_0) \end{cases} \quad (4\text{-}23)$$

其中，$\overline{\Omega}$ 是 Ω 的补集。

因此，所提出的基于交替方向法（Alternating Direction Method，ADM）框架的算法可以总结在表 4-1 的算法 1 中。

在下面的小节中，我们将对我们提出的算法进行分析。

表 4-1 算法 1：通过交替方向法（ADM）解决问题 4-8

输入：两个张量 $\mathcal{X}_0, \mathcal{X} \in \mathbb{R}^{I_1 \times I_2 \cdots I_4}$；参数 $\theta, \beta, \xi, \gamma, t_{max}$；
输出：因子矩阵 $\{U_n\}_{n=1}^4$；
步骤1：初始化：选择 $\{(U_n)^{[0]}\}_{n=1}^4, \mathcal{G}^{[0]}, \mathcal{X}^{[0]} = \mathcal{X}_0$，设置 $t = 0$；
步骤2：用式 4-15 和 4-16 更新 $\mathcal{G}$；
步骤3：用式 4-21 更新 $\{U_n\}_{n=1}^4$；

续表

步骤4：用式（4-23）更新 $\mathcal{X}$；
步骤5：根据给定阈值的秩降低策略，去掉核张量的每一模展开的可忽略的行和因子矩阵 $\{U_n\}_{n=1}^{4}$ 对应的列；
步骤6：令 $t \leftarrow t+1$；若满足 $\left\|\Omega(\mathcal{X}^{[t+1]} - \mathcal{G}\prod_{n=1}^{4} \times_n U_n^{[t]})\right\|_F / \|\mathcal{X}_0\|_F > \xi$ 并且 $t < t_{max}$（ξ 是一个规定的容忍值），回到步骤2。

4.5 OTDFPFER 算法的分析

4.5.1 OTDFPFER 算法的复杂度

该算法在每次迭代时的主要计算代价是计算 $\mathcal{G}$ 和 $\{U_n\}_{n=1}^{4}$ 的更新。通过式 4-15 更新 $\mathcal{G}$ 的计算复杂度为 $O(\sum_{n=1}^{4}(\prod_{k=1}^{n}R_k)(\prod_{j=n}^{4}I_j))$，这主要体现在式 4-15 中 $P^T x$ 的计算上。同时，通过式 4-20 更新 U_n 的主要计算复杂度为 $O(R_n\prod_{k=1}^{n}I_k + \prod_{k=1,k\neq n}^{4}R_n(\prod_{j=1}^{k}I_j)(\prod_{m=k}^{4}R_m))$，其中，两项的计算复杂度分别来自计算 A_{n_i} 和 Φ_{n_i}。因此，每次迭代的总计算复杂度为 $O(\sum_{n=1}^{4}(\prod_{k=1}^{n}R_k)(\prod_{j=n}^{4}I_j))$，并且它随着核张量的大小自然改变。

4.5.2 OTDFPFER 算法的收敛性

对于收敛性分析，我们要证明目标函数 $\mathcal{L}(\mathcal{G}^{[t+1]}, \{U_n^{[t+1]}\}_{n=1}^{4}, \mathcal{X}^{[t+1]})$ 的值在第 t 次迭代是不递增的，即：

$$\mathcal{L}(\mathcal{G}^{[t+1]}, \{U_n^{[t+1]}\}_{n=1}^{4}, \mathcal{X}^{[t+1]}) \leq L(\mathcal{G}^{[t]}, \{U_n^{[t]}\}_{n=1}^{4}, \mathcal{X}^{[t]}) \quad (4-24)$$

证明：我们首先证明代理函数 $\mathcal{Q}(\mathcal{G}^{[t]}, \{U_n^{[t]}\}_{n=1}^{4}, \mathcal{X}^{[t]}|\mathcal{G}^{[t]})$ 的第 t 次迭代是不递增的。给出当前估计点 $(\mathcal{G}^{[t]}, \{U_n^{[t]}\}_{n=1}^{4}, \mathcal{X}^{[t]})$，那么我们的目标是在下次迭代，即第 $t+1$ 次迭代中，找出新的估计点 $(\mathcal{G}^{[t+1]}, \{U_n^{[t+1]}\}_{n=1}^{4}, \mathcal{X}^{[t+1]})$，使得下面的不等式成立：

$$\mathcal{Q}(\mathcal{G}^{[t+1]}, \{U_n^{[t+1]}\}_{n=1}^{4}, \mathcal{X}^{[t+1]}|\mathcal{G}^{[t]}) \leq \mathcal{Q}(\mathcal{G}^{[t]}, \{U_n^{[t]}\}_{n=1}^{4}, \mathcal{X}^{[t]}|\mathcal{G}^{[t]}) \quad (4-25)$$

很明显，由于优化最小化方法（MM）的特点，即产生的代理函数在迭代过程中产生不上升的目标函数值，因此，式 4-25 成立。

接着，我们将通过以下步骤进一步讨论和验证目标函数 $\mathcal{L}(\mathcal{G}^{[t+1]},\{U_n^{[t+1]}\}_{n=1}^4,\mathcal{X}^{[t+1]})$ 的值在第 t 次迭代是不递增的。首先我们将目标函数 $\mathcal{L}(\mathcal{G}^{[t+1]},\{U_n^{[t+1]}\}_{n=1}^4,\mathcal{X}^{[t+1]})$ 写成以下形式：

$$\mathcal{L}(\mathcal{G}^{[t+1]},\{U_n^{[t+1]}\}_{n=1}^4,\mathcal{X}^{[t+1]}) = \mathcal{L}(\mathcal{G}^{[t+1]},\{U_n^{[t+1]}\}_{n=1}^4,\mathcal{X}^{[t+1]}) - \mathcal{Q}(\mathcal{G}^{[t+1]},\{U_n^{[t+1]}\}_{n=1}^4,\mathcal{X}^{[t+1]}|\mathcal{G}^{[t]}) + \mathcal{Q}(\mathcal{G}^{[t+1]},\{U_n^{[t+1]}\}_{n=1}^4,\mathcal{X}^{[t+1]}|\mathcal{G}^{[t]}) \quad (4\text{-}26)$$

由于 $\mathcal{Q}(\mathcal{G},\{U_n\}_{n=1}^4,\mathcal{X}|\mathcal{G}^{[t]}) - \mathcal{L}(\mathcal{G},\{U_n\}_{n=1}^4,\mathcal{X})$ 在 $\mathcal{G}=\mathcal{G}^{[t]}$ 时获得最小值，因此，式 4-26 前二项进行变换后可改写成以下不等式：

$$\mathcal{L}(\mathcal{G}^{[t+1]},\{U_n^{[t+1]}\}_{n=1}^4,\mathcal{X}^{[t+1]}) - \mathcal{Q}(\mathcal{G}^{[t+1]},\{U_n^{[t+1]}\}_{n=1}^4,\mathcal{X}^{[t+1]}|\mathcal{G}^{[t]}) + \mathcal{Q}(\mathcal{G}^{[t+1]},\{U_n^{[t+1]}\}_{n=1}^4,\mathcal{X}^{[t+1]}|\mathcal{G}^{[t]}) \leq \mathcal{L}(\mathcal{G}^{[t]},\{U_n^{[t]}\}_{n=1}^4,\mathcal{X}^{[t]}) - \mathcal{Q}(\mathcal{G}^{[t]},\{U_n^{[t]}\}_{n=1}^4,\mathcal{X}^{[t]}|\mathcal{G}^{[t]}) + \mathcal{Q}(\mathcal{G}^{[t+1]},\{U_n^{[t+1]}\}_{n=1}^4,\mathcal{X}^{[t+1]}|\mathcal{G}^{[t]}) \quad (4\text{-}27)$$

又由于式 4-25，我们将式 4-27 的最后一项进行转换后变成以下不等式：

$$\mathcal{L}(\mathcal{G}^{[t]},\{U_n^{[t]}\}_{n=1}^4,\mathcal{X}^{[t]}) - \mathcal{Q}(\mathcal{G}^{[t]},\{U_n^{[t]}\}_{n=1}^4,\mathcal{X}^{[t]}|\mathcal{G}^{[t]}) + \mathcal{Q}(\mathcal{G}^{[t+1]},\{U_n^{[t+1]}\}_{n=1}^4,\mathcal{X}^{[t+1]}|\mathcal{G}^{[t]}) \leq \mathcal{L}(\mathcal{G}^{[t]},\{U_n^{[t]}\}_{n=1}^4,\mathcal{X}^{[t]}) - \mathcal{Q}(\mathcal{G}^{[t]},\{U_n^{[t]}\}_{n=1}^4,\mathcal{X}^{[t]}|\mathcal{G}^{[t]}) + \mathcal{Q}(\mathcal{G}^{[t]},\{U_n^{[t]}\}_{n=1}^4,\mathcal{X}^{[t]}|\mathcal{G}^{[t]}) = \mathcal{L}(\mathcal{G}^{[t]},\{U_n^{[t]}\}_{n=1}^4,\mathcal{X}^{[t]})$$

$$(4\text{-}28)$$

最后，得到不等式 $\mathcal{L}(\mathcal{G}^{[t+1]},\{U_n^{[t+1]}\}_{n=1}^4,\mathcal{X}^{[t+1]}) \leq L(\mathcal{G}^{[t]},\{U_n^{[t]}\}_{n=1}^4,\mathcal{X}^{[t]})$，即式 4-24 成立。

下一小节将对我们提出的算法的实验进行评价。

4.6 OTDFPFER 算法的实验评价

本小节在 BU-3DFE 和 Bosphorus 数据库上进行了数值实验，以评估我们提出的算法（OTDFPFER）的有效性。详细实验内容将重点集中在 BU-3DFE 数据库上。

4.6.1 实验设计

因两个常用的 BU-3DFE 和 Bosphorus 数据库、分类预测方法和实验设置在 3.4 小节中已介绍，因此本小节主要讨论算法 1 中的算法初始化的参数设置。另外，本章中的实验设置 I、II、III 和 IV 对应第三章实验设置的 I、II、IV 和 V。

本章提取了大小为 128×128 的 9 种特征，并利用常用的 LBP（Local Binary Pattern）描述符对其进行处理。提取的特征有：几何映射 I_g，三个方向的法向量映射（I_n^x、I_n^y 和 I_n^z）以及曲率映射（即曲率 I_c 和平均曲率 I_m^c），三个通道的二维纹理映射 I_t^r、I_t^g 和 I_t^b。为了降低对算法参数的敏感性，我们将算法的 θ 根据优化问题 4-8 中 U_4 的梯度，设为 $w_1 \frac{\|\beta \mathcal{X}_{(4)} \Phi_4^T - \beta U_4 \Phi_4 \Phi_4^T\|_2}{\|L U_4\|_2}$，其中 w_1=5e3。β 依赖于人脸表情数据的值和数据缺失率。当 β 设为 [0.1,1] 范围时，算法可以获得稳定的性能。$\{U_n\}_{n=1}^4$ 由 $\mathcal{X}_0$ 的高阶奇异值分解（HOSVD）得到，因此，$\mathcal{G}^{[0]} = \mathcal{X}_0 \prod_{n=1}^4 \times_n (U_n^{[0]})^T$。最大迭代数 $t_{\max}$ 设为 100，算法 1 中的精度参数 ξ 为 1e-4。为了保持因子矩阵与核张量之间的强相互作用，我们采用秩降低策略（RRS）[170] 去除核张量各模展开的冗余行和因子矩阵对应列，RRS 的参数与文献 [170] 设置相同。

4.6.2 在 BU-3DFE 数据库上的实验结果

从表 4-2 我们不难发现，由于人脸变形程度较高，惊讶和高兴识别率也较高，而悲伤和恐惧的识别率较低。同时，厌恶和恐惧易于和其他的表情混淆。

表 4-3 给出了在 BU-3DFE 数据库中使用设置 I，并且一次排除一个特征的识别率对比结果。从表 4-3 可以看出，将表 4-3 中的 9 个结果与表 4-2 中的平均识别率 83.75% 进行比较，差异为 [-3.50，-1.97]，这说明 9 个特征的识别有显著差异。同时，表 4-3 也显示了不同模态之间特征的互补性很大，验证了 9 种特征中的任何一种都不能被排除在外。

表 4-2　在 BU-3DFE 数据库中设置 I 和 II 中的平均混淆矩阵

%	愤怒	厌恶	恐惧	高兴	悲伤	惊讶
愤怒	79.16	7.12	2.07	0.00	9.52	2.13
厌恶	8.32	81.31	5.39	2.49	1.15	1.35
恐惧	3.44	4.31	73.32	11.03	5.17	2.73
高兴	0.06	1.05	2.86	94.79	0.00	1.24
悲伤	12.14	1.44	8.92	0.00	77.49	0.00
惊讶	0.11	0.62	2.45	0.36	0.00	96.46
设置 I	83.75%					
愤怒	77.22	6.78	4.16	0.17	11.67	0.00
厌恶	7.39	81.79	4.31	1.31	2.47	2.74
恐惧	5.56	6.44	70.81	7.42	6.14	3.64
高兴	0.06	1.16	5.39	92.36	0.00	1.03
悲伤	15.03	3.47	7.00	0.00	74.50	0.00
惊讶	0.39	2.12	4.25	0.15	0.00	93.08
设置 II	81.63%					

表 4-3　在 BU-3DFE 数据库中使用设置 I 一次性排除一个特征的识别率

%	I_g	I_{ns}	I_{ny}	I_{nz}	I_c
设置 I	81.36	80.98	80.25	81.78	80.61
差异	-2.39	-2.77	-3.50	-1.97	-3.14
%	I_{mc}	I_{tr}	I_{tg}	I_{tb}	All
设置 I	81.39	81.57	81.18	80.53	83.75
差异	-2.36	-2.18	-2.57	-3.22	0.00

4.6.2.1　不同张量方法的比较

为了显示我们提出的算法（OTDFPFER）的优越性，我们将 5 种最先进的方法 APG_NTDC[146]、IRTD[118]、WTucker[147]、KBR_TC[148] 和 FERLrTC[170] 与 OTDFPFER 进行了比较。前 5 种方法的介绍与参数设置在 3.5.2.3 与 3.5.3.3 中进行了详细的介绍。

现在，我们提出的算法（OTDFPFER）与上述 5 种比较算法在 4 个方面分别进行了比较：识别率（RA）、描述收敛性的相对误差（RE）、反映多线性秩的变化的因子矩阵秩变化（RV）以及体现张量恢复性能的人脸重建（FR）。以下是比较结果与分析。

图 4-2a 比较结果为使用设置 I 的 6 种算法的平均识别率。从图中，我们可以看出，OTDFPFER 的 RA 高于其他算法，而 APG_NTDC 的性能较差。结果表明，OTDFPFER 比其他算法更有效，因为 OTDFPFER 算法将反映样本之间关系的图的拉普拉斯矩阵，和反映构建的 4D 张量的第四维样本信息变化的第 4 项因子矩阵相结合，采用核张量的结构稀疏性和图正则项来刻画样本间的相似性，迫使相似原始样本在基于 Tucker 分解下提取的低维张量特征在张量子空间中也表现相似，获得了更有鉴别性的低维特征。

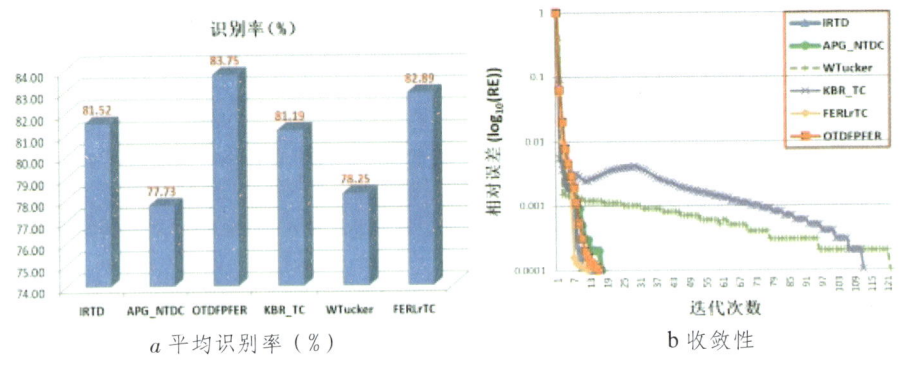

a 平均识别率（%）

b 收敛性

图 4-2 使用设置 I 在 BU-3DFE 数据库上与
IRT D、APG_NTDC、KBR_TC、WTucker 和 FERLrTC 比较结果

我们通常用公式 $RE = \left\| \widehat{\mathcal{X}^{[t]}} - \widehat{\mathcal{X}^{[t-1]}} \right\|_F / \left\| \mathcal{X}_0 \right\|_F$ 来验证算法的收敛性。如图 4-2b 所示，RE 可以在有限的迭代中收敛。从此图中我们可以发现，采用秩降低策略的 IRTD、FERLrTC 和本章提出的 OTDFPFER 比使用预定义秩或秩递增策略的方法收敛更快。从识别率的角度来看，在 5 种比较算法中，OTDFPFER 得到的结果是最好。同时，OTDFPFER 在收敛性上优于 APG_NTDC、KBR_TC 和 WTucker。因此，我们提出的算法 OTDFPFER 具有竞争力。

四个因子矩阵秩变的比较结果见图 4-3。从图中可以看出，表示特征

数的 U_3 变化较小。除了 KBR_TC、APG_NTDC 和 WTucker 采用了秩递增策略或预定义的多线性秩策略外，我们还可以看到：① 表示样本数量的 U_4 变化最快，这清楚地验证了样本之间具有较高的相似性；② 描述构成样本的人脸表情特征大小的 U_1 和 U_2 变化慢于 U_4；③ 经过有限的迭代后，4 个因子矩阵的秩不再变化。

与其他算法相比，由于我们的算法采用了秩降低策略导致因子矩阵的秩变化相对较快，这也表明采用秩降低策略比 KBR_TC 采用的秩递增方案更有效。在 4 个因子矩阵的秩中，我们提出的算法 U_4 的秩变化速度比其他 3 个因子矩阵快，这是因为样本间高度相似是由于我们提出的算法通过用所涉及的核张量的结构稀疏性、反映样本之间关系的图的拉普拉斯矩阵、映射样本信息变化的第 4 项因子矩阵相结合的图正则项共同表征。

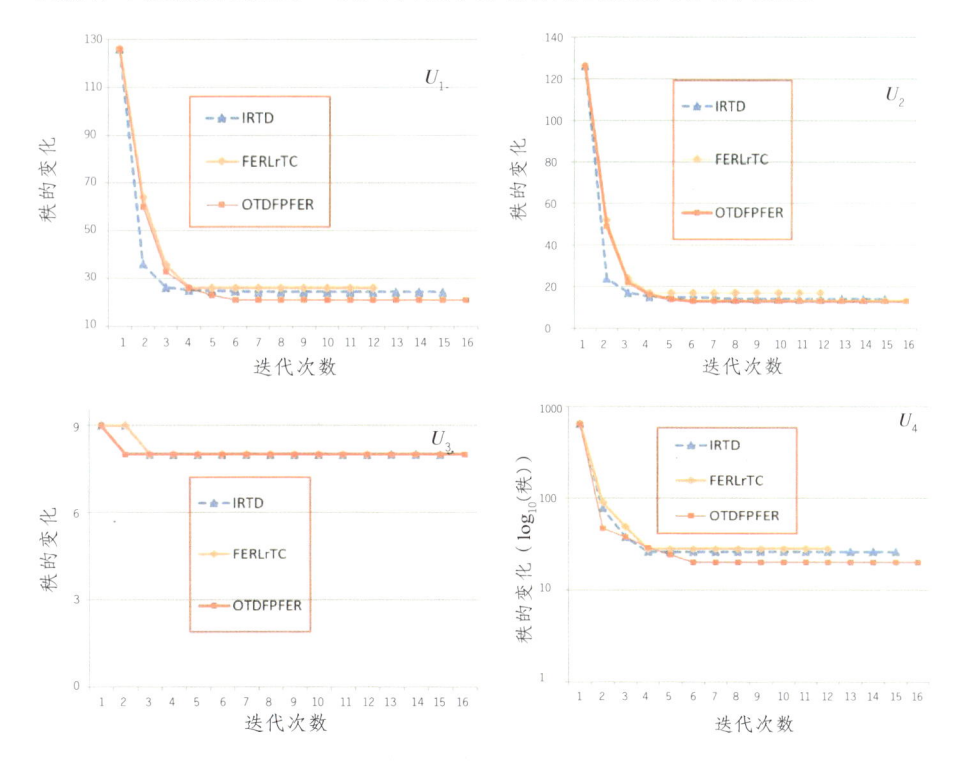

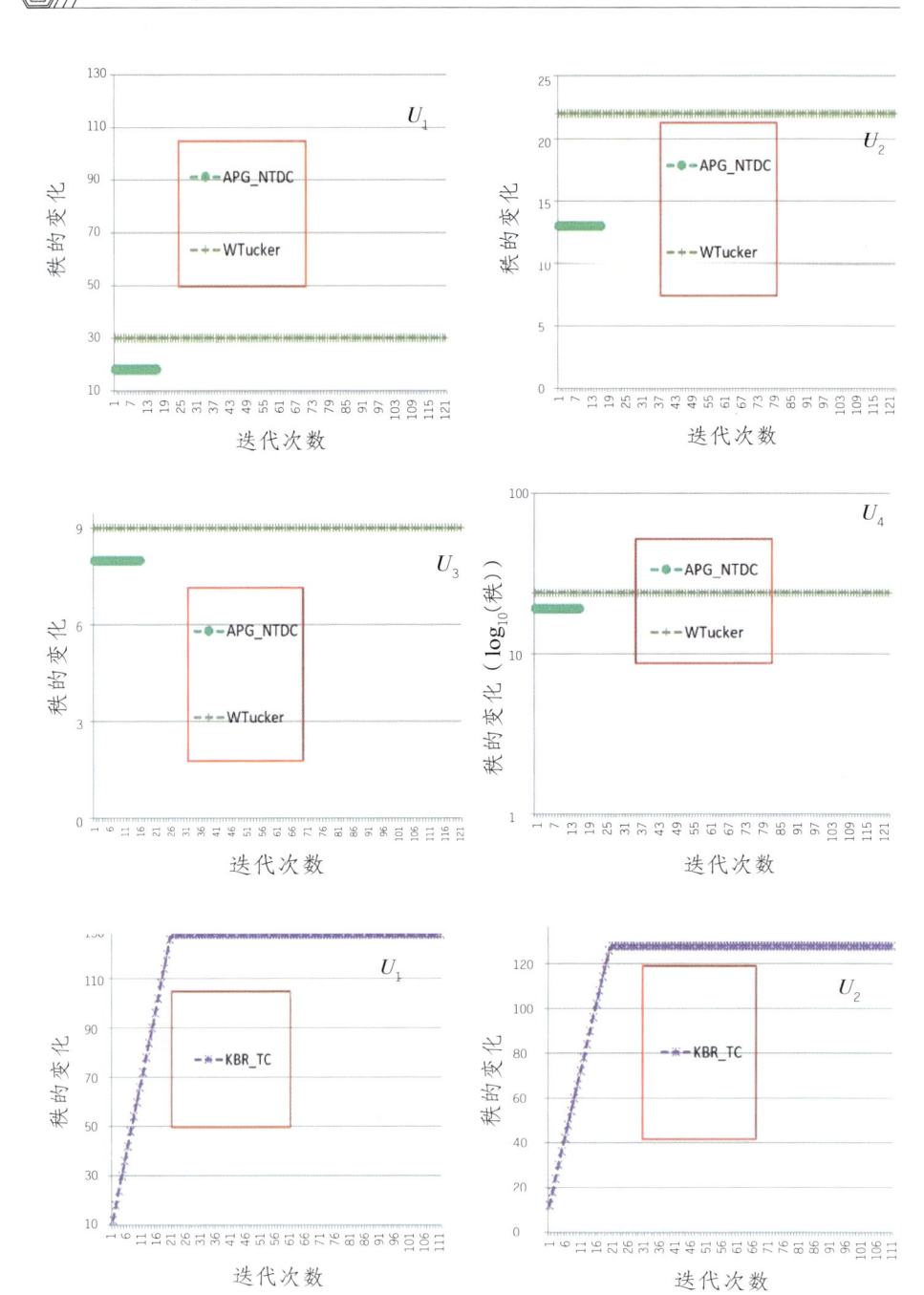

4 基于先验信息的正交张量补全

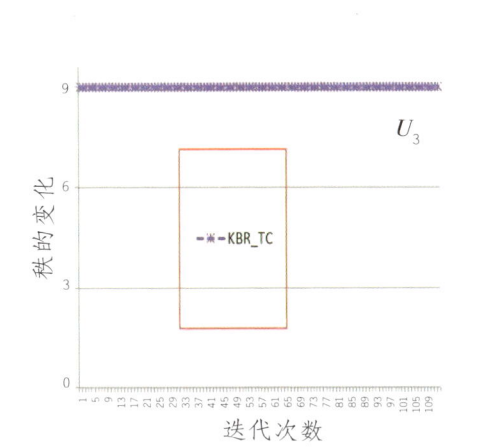

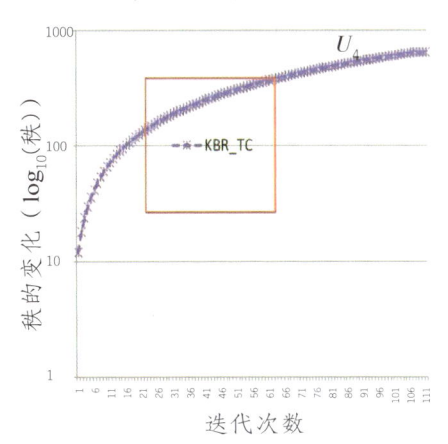

图 4-3 与 IRTD、APG_NTDC、WTucker、KBR_TC 和 FERLrTC 在 BU-3DFE 数据库上使用设置 I 在因子矩阵的秩的变化比较

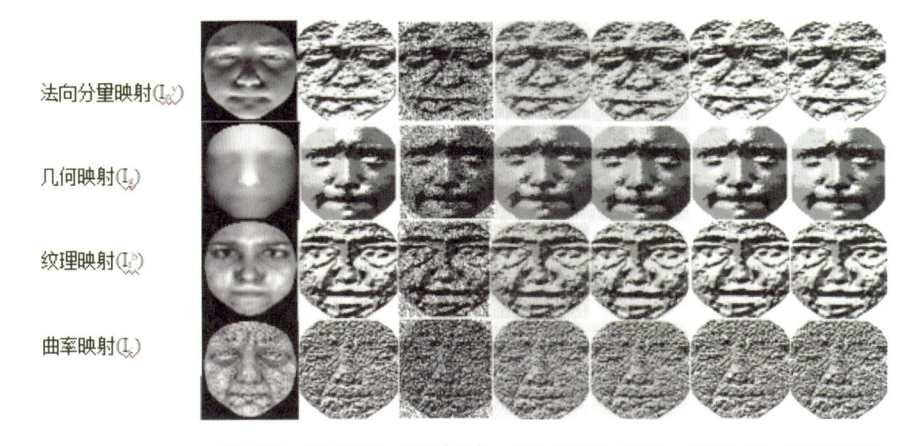

图 4-4 与 IRTD、APG_NTDC 和 FERLrTC 在 BU-3DFE 数据库上使用设置 I 进行比较人脸重建的结果

为了得到我们提出的张量补全模型的更生动的效果，通过使用设置 I 将 OTDFPFER 与其他 5 种算法在 BU-3DFE 数据库上进行了比较。人脸重建的比较结果在图 4-4 中，实验对象为 BU-3DFE 数据库中第 4 级强度的带有愤怒表情的 F0007，图中给出的分别是 2D 原始特征图像、经过 LBP 描述子后的特征、随机采样率（SR）为 70% 的 LBP 特征，和他们的重建结果。重构结果表明，

OTDFPFER 与 FERLrTC 的重构效果相同，而 APG_NTDC 的重构效果最差。同时，KBR_TC 和 WTucker 由于将因子矩阵投影到构建的 4D 张量中，会产生更多的负的低维特征。因此，无法成功完成人脸重建任务。我们提出的算法和 FERLrTC 的 LBP 特征能够被 70% 以上的 SR 重构的原因取决于二维映射原始特征和 LBP 特征。二维映射原始特征为三维人脸数据映射到二维平面时产生一些 NaN 值并被处理为零，主要出现在二维人脸特征的轮廓上，这些值包含一些对 2D+3D 人脸表情识别很重要但难以恢复的关键特征。同时可以看到，LBP 特征在人脸区域产生了一些新的零值。因此，LBP 特征的数据丢失率直接影响了不同采样率的重建人脸的结果。综合识别率与人脸重建效果来看，我们的提出的方法（OTDFPFER）可以从生成的 4D 张量中获取更有鉴别性的低维特征。因此，我们提出的算法（OTDFPFER）更具有竞争力。

4.6.2.2 与其他方法的比较

为了进一步说明我们提出的算法（OTDFPFER）的优越性，我们还在数据模态、特征、分类器和识别率四个方面与一些最新的方法（非张量算法的方法）进行了比较，如表 4-4 所示。

文献 [24,150-151] 是较早进行的三项三维人脸表情识别研究，实验仅重复 10 或 20 次，性能稳定性不能保证。当我们采用这样的实验设计即重复 10 次时，平均人脸表情识别率达到 95.49%，优于文献 [24,150-152,170]。当 Gong 等人[152]采用更稳定的实验方案设置 I 与 II 对文献 [147-149] 进行重新实验时，文献 [24,150-151] 的识别率大大地衰退。总之，我们提出的算法（OTDFPFER）通过设置 I 与 II，分别获得了 83.75% 和 81.63% 的较高识别率。因此，我们提出的算法可以获得稳定的性能。

在表 4-5 中的实验设置 I 和 II 中，存在一些算法比我们提出的算法性能更好，如文献 [32,34]。这些先进的算法虽然采用了特征向量化和连接，但获得了较高的识别率。究其原因，主要有以下几个方面：①利用了人脸标定点定位，如 [34]；②构造了高复杂度的网络，如文献 [32]。与表 4-5 中的最新算法相比，我们提出的算法不需要进行人脸标定点定位，需要的样本也更少，也不需要构造复杂的网络。虽然我们提出的算法与表4-5中最先进的方法还有一些差距，但提高识别率是我们未来努力的方向。

表4-4 在BU-3DFE数据库上与最先进方法在数据模态、表情特征、分类器和识别率上比较

方法	数据	特征	分类器	设置Ⅰ(%)	设置Ⅱ(%)	不稳定规则 Ⅳ(%)
Soyel 等[151]	3D	points/distance	NN	67.52	—	91.30(10T)
Wang 等[24]	3D	curvatures/histogram	LDA	61.79	—	83.60(20T)
Tang 等[150]	3D	points/distance	LDA	74.51	—	95.10(10T)
Li 等[154]	3D	normals/LBP	MKL	—	80.14	—
Berretti 等[153]	3D	depth/SIFT	SVM	—	77.54	—
Lemaire 等[33]	3D	mean curvature/HOG	SVM	—	76.61	—
Zeng 等[158]	3D	curvatures/LBP	SRC	—	70.93	—
Gong 等[152]	3D	depth/PAC	SVM	76.22	—	—
Fu 等[159]	3D	normals, curvature	NN	—	—	85.802(10T)
Azazi 等[157]	3D	landmark	RBF-SVM	—	79.36	—
Zhao 等[42]	2D+3D	intensity, coordinates, shape index/LBP	BBN	—	—	82.30(10T)
Fu 等[170]	2D+3D	normals, curvatures, depth, textures/LBP	SVM	82.89	80.91	95.28(10T)
OTDFPFER	2D+3D	Textures, curvatures, normals, depth/LBP	SVM	83.75	81.63	95.49(10T)

表4-5 在BU-3DFE数据库上超出我们所提出的算法的优秀方法

方法	数据	特征	分类器	设置Ⅰ(%)	设置Ⅱ(%)
Yang 等[32]	3D	normals, depth, shape index/scattering	SVM	84.80	82.73
Li 等[34]	2D+3D	meshHOG/SIFT, meshHOS/HSOG	SVM	86.32	—

4.6.3 在 Bosphorus 数据库上的实验结果

表 4-6 显示了使用设置 III 的 2D+3D 人脸表情识别的平均混淆矩阵。从这个表中,我们可以很容易地看出,获得最高识别率的为高兴表情,最差识别率的为悲伤表情。而识别率均低于 68.70% 的表情分别为厌恶、恐惧和悲伤表情。可以注意到,厌恶和恐惧的表情很容易被混淆为其他的表情。我们还观察到惊讶表情和恐惧表情相互混淆概率比其他表情高。悲伤表情和愤怒表情相互混淆概率也比较高。

表 4-6 Bosphorus 数据库上使用设置 III 的平均混淆矩阵

%	愤怒	厌恶	恐惧	高兴	悲伤	惊讶
愤怒	73.10	5.06	4.83	0.00	15.34	1.67
厌恶	11.49	68.46	6.21	3.61	7.03	3.20
恐惧	4.76	1.83	66.63	0.82	1.55	24.41
高兴	0.00	4.45	0.91	93.52	0.00	1.12
悲伤	20.29	12.87	2.61	0.00	62.49	1.74
惊讶	0.89	0.17	6.79	0.00	0.51	91.64
设置 III	75.97%					

此外,我们还实施了 9 个实验,通过一次排除一个特征来验证每个特征的有效性。表 4-7 显示了我们提出的算法在 Bosphorus 数据库上使用设置 III 的比较结果。与表 4-6 中 75.97% 的平均识别率相比,表 4-7 充分体现了一次排除一个特征识别率在一定范围内的差异 [−2.55,−0.34]。总之,本章在 Bosphorus 数据库上进行人脸表情识别是非常困难的。

表 4-7 在 Bosphorus 数据库上使用设置 III 一次性排除一个特征的识别率

%	I_g	I_n^x	I_n^y	I_n^z	I_c
设置 III	73.42	74.59	73.96	74.84	74.91
差异	−2.55	−1.38	−2.01	−1.13	−1.06
%	I_m^c	I_t^r	I_t^g	I_t^b	All
设置 III	75.08	75.63	75.54	75.27	75.97
差异	−0.89	−0.34	−0.43	−0.70	0.00

4.6.3.1 不同张量方法的比较

我们在 Bosphorus 数据库上采用了在 BU-3DFE 数据库中的 5 种张量方法进行比较。所有设置与 BU-3DFE 数据库相同。作为 4.4 的推导，表格 4-1 中算法 1 生成优化问题 4-9 目标函数值的一个递减序列。为了进一步说明我们提出的算法在 Bosphorus 数据库中的性能，我们将在识别率、相对误差的变化、因子矩阵 $\{U_n\}_{n=1}^4$ 的秩的变化和人脸重建 4 个方面进行了比较，结果分别显示在图 4-5a、图 4-5b、图 4-6 和图 4-7 中。比较结果分析与在 BU-3DFE 数据库中的分析是相似的。

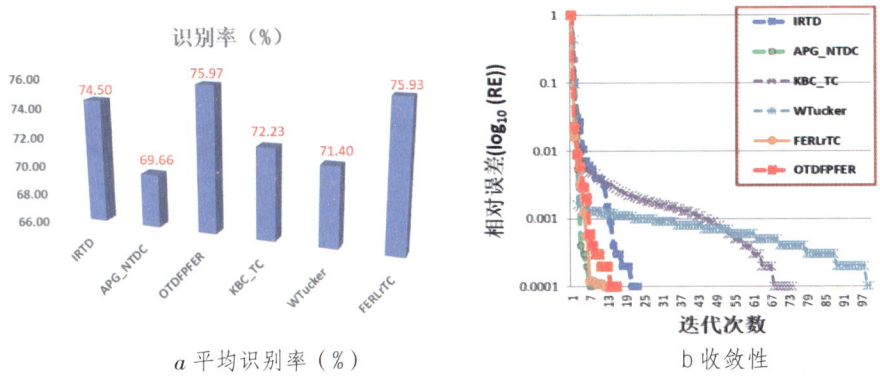

a 平均识别率（%）　　　　b 收敛性

图 4-5 在 Bosphorus 数据库上使用设置 III 与五种张量方法的比较

从图 4-5a 中可以明显看出，与其他算法进行比较，我们提出的算法取得了更好的结果，而 APG_NTDC 的结果最差。同时，也很容易观察到我们提出的算法与文献 [170] 的结果非常相似（结果分别为 75.97% 与 75.93%），这也说明人脸表情在 Bosphorus 数据库中不容易识别。

从图 4-5b 中可以观察到，经过 2 次迭代后，我们提出的算法的相对误差大大降低，在 16 次迭代内满足算法的容忍度。

在图 4-6 中，我们提出的算法反映了 U_3 的秩变化较小，说明所选择的 9 个特征的冗余度都较小。同时，U_1，U_2，U_4 的秩在前两次迭代中都有显著的减小。产生这种现象的原因是由于表 4-1 中算法 1 中的秩降低策略。而且，减得最快的秩也表明，通过所涉及的核张量的结构稀疏性和反映样本之间关系的图的拉普拉斯矩阵和映射样本信息变化的第 4 项因子矩阵相结合的图正则项，有效地表征了样本间的高度相似性。

在图 4-7 中，通过对 LBP 特征的 70% 的采样率并使用带有高兴表情的实验对象 bs017 进行人脸重建的对比，结果表明我们提出的算法可以取得与 FERLrTC 相同的人脸重建效果。总的来说，我们提出的算法 OTDFPFER 在识别率上比其他 5 种张量方法更有竞争力。

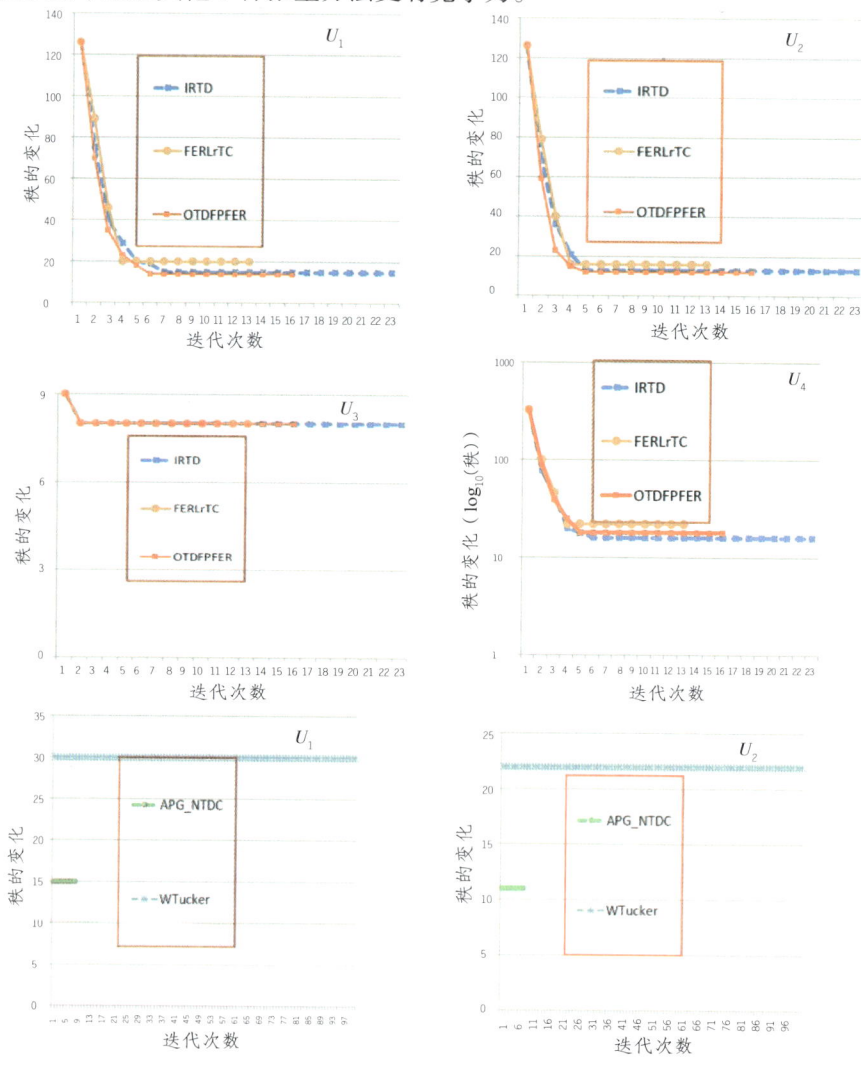

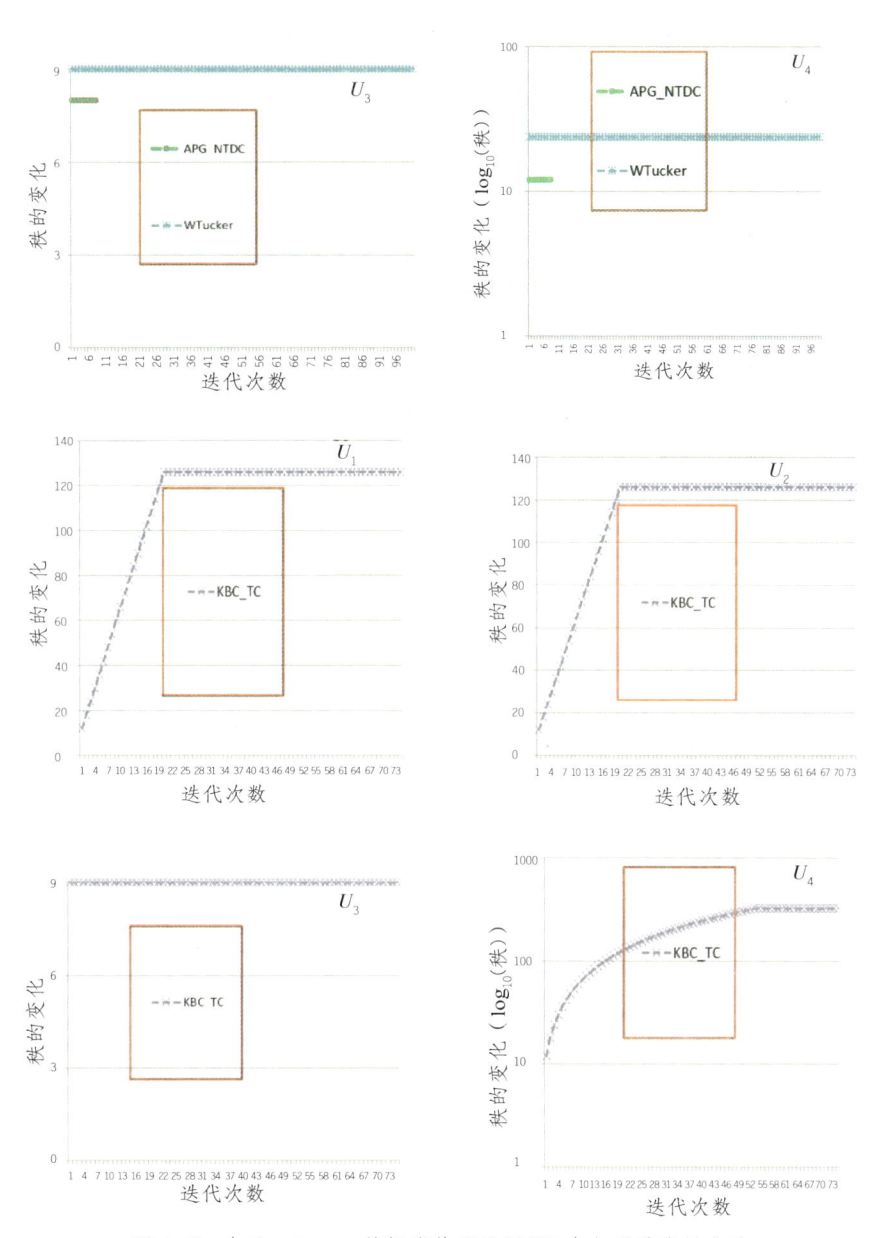

图 4-6 在 Bosphorus 数据库使用设置 III 中与五种张量方法
进行因子矩阵秩变的比较结果

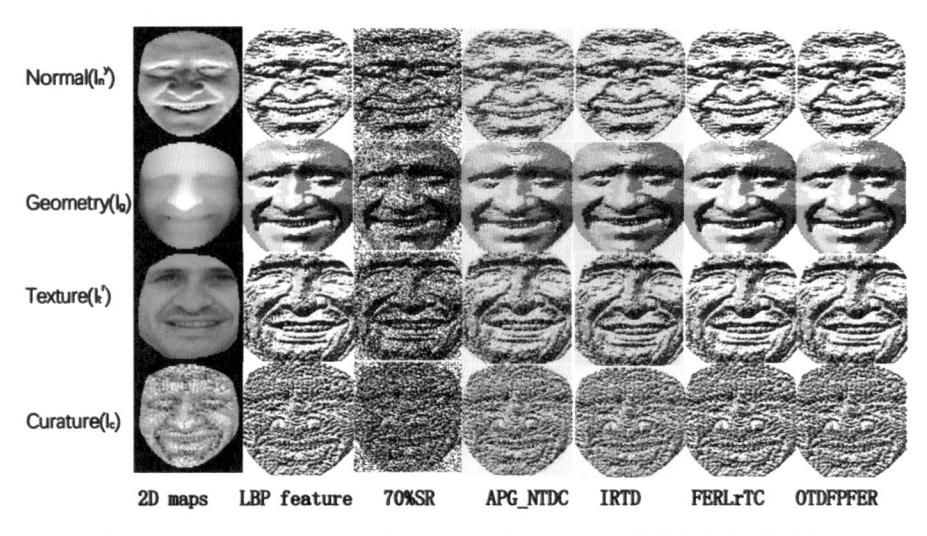

图 4-7 与 IRTD、APG_NTDC 和 FERLrTC 在 Bosphorus 数据库上使用设置 II
I 进行比较人脸重建的结果

4.6.3.2 与其他的方法的比较

为了验证我们提出的算法（OTDFPFER）在 Bosphorus 数据库中的有效性，我们将其与三种最先进的非张量的其他方法 [27,154,170] 进行了比较。表 4-8 显示了我们提出的算法与 Bosphorus 数据库上的最新方法的比较结果，比较内容包含数据模态、表达特征、分类器和准确性。从表 4-8 可以看出，方法 [27] 的识别率最低。

表 4-8 在 Bosphorus 数据库上采用设置 III 与最先进的方法从数据模态，表情特征，分类器和识别率方面比较

方法	数据	特征	分类	设置 VI (%)
Ujir 等[27]	3D	surface normals	AdaBoosting	63.63
Fu 等[170]	2D+3D	textures, normals, depth,curvatures /LBP	SVM	75.93
Li 等[154]	3D	normals/LBP	MKL	75.83
OTDFPFER	2D+3D	curvatures, normals, depth,textures/LBP	SVM	75.97

与此同时,我们提出的算法 OTDFPFER 与方法 [170] 结果相似,即 75.97% 与 75.93%。由此也可以看出,在没有表情强度的 Bosphorus 数据库中,表情很难被识别。通过 4 种方法的比较,我们提出的算法在设置 III 的 Bosphorus 数据库上获得了最好的结果。

4.7 本章小结

本章提出了一种张量降维算法,即一种基于先验信息的正交张量补全算法(OTDFPFER),并运用于 2D+3D 人脸表情识别,同时用交替方向法有效地解决提出的张量补全问题。在 BU-3DFE 与 Bosphorus 数据库上的数值结果表明,该方法提高了张量恢复能力和表情识别的准确性,同时验证了该方法的有效性。实验结果同时也说明了在算法中引入与因子矩阵相关的图嵌入框架比利用因子矩阵的低秩性结构更能表征样本间的相似性。如何通过正交 Tucker 分解算法从高阶张量数据中获取其内在多维结构并提取有用信息,我们将在下一章介绍正交张量 Tucker 分解算法。

5 正交张量 Tucker 分解算法

在本章中，我们将分两节介绍正交张量分解算法：正交低秩 Tucker 分解算法（Orthogonal Low Rank Tucker Decomposition for 2D+3D Facial Expression Recognition，OLRTDFER）、稀疏正交 Tucker 分解算法（Sparse Orthogonal Tucker Decomposition for 2D+3D Facial Expression Recognition，SOTDFER）。

5.1 正交低秩 Tucker 分解算法

5.1.1 引言

人脸表情三维识别与分析的关键在于数据描述、特征提取和有效的降维方法。数据描述作为三维人脸表情识别的起点，是最基本、最关键的部分。在有关三维人脸表情识别的文献中，一种简单但广泛使用的样本数据描述方法是向量化，比如文献 [32,135,147,159,162,163] 等。然而，样本数据向量化的主要缺点是样本数据的内部结构信息丢失，这些结构信息中隐藏着潜在的或内在的稀疏性结构，因此，由于将样本数据进行向量化忽略了这些有利的结构特性，就会出现维数灾难。为了解决这个问题，一种更自然的描述三维人脸表情数据的方法是使用张量表示，它既能保持空间结构，又能利用张量分析中的工具选择适当的张量分解进行稀疏表示。与数据向量表示算法相比，张量数据模型在学习过程中保持了数据样本的原始形式，充分考虑样本内的行和列之间的关系，甚至可以挖掘隐藏在数据中的空间信息，最后将这些有用的信息整合到投影因子矩阵中。因此，构建张量数据模型，利用张量优化算法设计有效降维，应该能够在低维张量子空间中提取更真实反映人脸表情的低维特征。

第三章与第四章中，基于低秩张量完备性（FERLrTC）的张量分解算法与基于先验信息（OTDFPFER）的正交张量补全算法分别用 4D 张量分解的因子矩阵的低秩性结构和核张量的稀疏性、图嵌入正则化框架结合张量分解产生的核张量的稀疏性结构表征因 4D 张量建模中数据丢失而产生的样本之间相似性。这两种算法能取得较好的人脸表情识别效果。但是，这两种算法并未考虑通过张量表情样本各模之间的低秩属性来刻画样本之间相似性的问题。

为了解决以上问题，我们提出了正交低秩 Tucker 分解算法，即通过张量表情样本各模之间的低秩属性来刻画样本之间相似性。内容由算法背景、算法介绍、OLRTDFER 算法的优化模型及其求解过程、OLRTDFER 算法的实验评价组成。

在下面的第一小节中，我们将介绍与我们提出的算法有关的相关算法背景。

5.1.2 算法背景

5.1.2.1 稀疏表示

在对高阶张量 $\mathcal{X} \in \mathbb{R}^{I_1 \times I_2 \times \cdots \times I_k \times \cdots \times I_N}$ 正交 Tucker 分解的基础上，可以对因子矩阵 $\{U_n\}_{n=1}^N \in \mathbb{R}^{I_n \times R_n}$ 通过一范数施加稀疏性，表示如下：

$$\min_{\mathcal{G}, \{U_n\}_{n=1}^N} \left\{ \sum_{n=1}^N \lambda_n \|U_n\|_1 \quad s.t. \quad \mathcal{X} = \mathcal{G} \prod_{n=1}^N \times_n U_n, U_n \in St(I_n, R_n) \right\} \quad （5-1）$$

其中 λ_n 为因子矩阵 U_n 的权重系数，$\|\bullet\|_1$ 为一范数，它的值为矩阵各元素的绝对值之和。

5.1.2.2 张量完备性

张量完备性是在矩阵的完备性模型发展而来。给出一个不完备的高阶张量 $\mathcal{X}_0 \in \mathbb{R}^{I_1 \times I_2 \times \cdots \times I_k \times \cdots \times I_N}$，$\Omega$ 集中的元素能被观察到，而 $\overline{\Omega}$ 集中的元素都

丢失，因此，它的基于 Tucker 分解的优化模型可以描述如下：

$$\min_{\mathcal{G},\{U_n\}_{n=1}^N,\mathcal{X},\{\mathcal{M}_n\}_{n=1}^N} \left\{ \sum_{n=1}^N \lambda(n) \left\| M_n^{(n)} \right\|_* \right\}$$

$$s.t. \quad \mathcal{X} = \mathcal{G} \prod_{n=1}^N \times_n U_n, U_n \in St(I_n, R_n), \quad \mathcal{X} = \mathcal{M}_n,$$

$$U_n \in St(I_n, R_n), n = 1, \cdots, N, \quad \mathcal{X}(\Omega) = \mathcal{X}_0(\Omega)$$

（5-2）

其中 $\mathcal{X}$ 为待恢复的张量，大小与 $\mathcal{X}_0$ 相同，$\lambda(n)$ 为正标量，它的所有值之和为 1；$\mathcal{M}_n$ 大小与 $\mathcal{X}_0$ 相同，它为辅助张量，$M_n^{(n)}$ 为 $\mathcal{M}_n$ 的 n 模展开。

5.1.3 OLRTDFER 算法的优化模型及其求解过程

本小节提出了一种正交低秩 Tucker 分解算法（OLRTDFER）并用于 2D+3D 人脸表情识别。

5.1.3.1 正交低秩 Tucker 分解模型

我们首先如 3.4.1 所述的方法构建一个 4D 张量 $\mathcal{X}_0 \in \mathbb{R}^{I_1 \times I_2 \times N \times M}$，该张量包含个 3D 人脸的样本，且每个样本包含 N 个大小为 $I_1 \times I_2$ 的特征二维图像。我们的目标是通过 $\mathcal{X}_0$ 的 Tucker 分解得到分类预测的一组因子矩阵 $\{U_n\}_{n=1}^4$。由于 3D 人脸的样本投影到二维平面时导致 M 个样本高度的相似性，构建的张量 $\mathcal{X}_0$ 样本间自然具有的低秩性，同时在投影过程部分信息被丢失。为了将 $\mathcal{X}_0$ 的信息恢复，我们使用了张量完备性技术。为了避免产生的因子矩阵 $\{U_n\}_{n=1}^4$ 稠密，我们将稀疏表示施加于因子矩阵上。由于式 5-2 具有高计算量，这限制了求解大规模问题的能力。基于这一挑战，我们提出了一种正交低秩 Tucker 分解算法法（OLRTDFER），将 $\|\mathcal{X}\|_*$ 用 $\|\mathcal{G}\|_*$ 替代。

定理 5-1：给出两个张量，$\mathcal{X} \in \mathbb{R}^{I_1 \times I_2 \cdots \times I_N}$（它的多线性秩为 $r_n(\mathcal{X}) = rank(\mathcal{X}_{(n)})(1 \leq n \leq N)$）和 $\in \mathbb{R}^{R_1 \times R_2 \cdots \times R}$（$R_n \geq r_n$）。如果 $\mathcal{X} = [\![\mathcal{G}; U_1, \cdots, U_N]\!]$（即 $\mathcal{X} = \mathcal{G} \prod_{n=1}^N \times_n U_n$）并且 $U_n^T U_n = I_{R_n}$（$U_n \in \mathbb{R}^{I_n \times R_n}$）满足，那么 $\|\mathcal{X}\|_* = \|\mathcal{G}\|_*$，其中 $\|\mathcal{X}\|_*$ 与 $\|\mathcal{G}\|_*$ 分别为张量 $\mathcal{X}$ 与 $\mathcal{G}$ 的迹范数。

证明：给出两个张量 $\mathcal{X} \in \mathbb{R}^{I_1 \times I_2 \cdots \times I_N}$ 和 $\mathcal{G} \in \mathbb{R}^{R_1 \times R_2 \cdots \times R_N}$。如果 $\mathcal{X} = \mathcal{G} \prod_{n=1}^{N} \times_n U_n$ 与 $U_n^T U_n = I_{R_n}$ ($U_n \in \mathbb{R}^{I_n \times R_n}$) 满足，那么根据核范数的属性，我们能够得到以下结论：

$$\|U_n S U_k^T\|_* = \|S\|_* \tag{5-3}$$

其中 $S \in \mathbb{R}^{R_n \times R_k}$。如果张量在 n 模展开，那么我们可以得到：

$$X_{(n)} = U_n G_{(n)} \otimes_{k \neq n, k=1}^{N} U_k^T \tag{5-4}$$

令 $H_{(n)} = \otimes_{k \neq n, k=1}^{N} U_k$，$H_n^T H_n$ 可能通过以下等式获得：

$$H_n^T H_n = (\otimes_{k \neq n, k=1}^{N} U_k^T)(\otimes_{k \neq n, k=1}^{N} U_k) = \otimes_{k \neq n, k=1}^{N} (U_k^T U_k) = \otimes_{k \neq n, k=1}^{N} I_{R_K} = \widetilde{I}_n \tag{5-5}$$

因此，结合（5-3）与（5-5），证明可通过以下式子完成：

$$\|X_{(n)}\|_* = \|U_n G_{(n)} \otimes_{k \neq n, k=1}^{N} U_k^T\|_* = \|G_{(n)}\|_* \tag{5-6}$$

根据定理 5-1，我们提出的张量优化模型可以如下描述：

$$\min_{\mathcal{G}, \{U_n\}_{n=1}^{4}, \mathcal{X}, \{G_{(n)}\}} \sum_{n=1}^{4} \alpha_n \|G_{(n)}\|_* + \beta \sum_{n=1}^{4} \lambda_n \|U_n\|_1 + \frac{1}{2} \left\| \mathcal{X} - \mathcal{G} \prod_{n=1}^{4} \times_n U_n \right\|_F^2 \tag{5-7}$$

$$s.t. \quad \mathcal{X}(\Omega) = \mathcal{X}_0(\Omega), \quad U_n \in St(I_n, R_n), n = 1, \cdots, 4$$

其中 $\{\alpha_n\}_{n=1}^{4}$ 与 $\{\lambda_n\}_{n=1}^{4}$ 分别为 $G_{(n)}$ 与 U_n 的权重。$\mathcal{X}$ 为待恢复的张量，大小与 $\mathcal{X}_0$ 相同，$G_{(n)}$ 为张量 $\mathcal{G}$ 的 n 模展开。

为了区别 $G_{(n)}$ 与张量 $\mathcal{G}$，我们引入了四个辅助矩阵 $\{M_n\}_{n=1}^{4}$ 来替代 $G_{(n)}$，由于因子矩阵有正交约束，因此，问题 5-7 可转换成以下形式：

$$\min_{\substack{\mathcal{G}, \{U_n\}_{n=1}^{4}, \mathcal{X}, \{G_{(n)}\}_{n=1}^{4}, \\ U_n \in St(I_n, R_n)}} \sum_{n=1}^{4} \alpha_n \|M_n\|_* + \beta \sum_{n=1}^{4} \lambda_n \|U_n\|_1 + \frac{1}{2} \left\| \mathcal{X} - \mathcal{G} \prod_{n=1}^{4} \times_n U_n \right\|_F^2 \tag{5-8}$$

$$s.t. \quad G_{(n)} = M_n, \quad \mathcal{X}(\Omega) = \mathcal{X}_0(\Omega).$$

5.1.3.2 交替方向乘子法

显然，优化问题 5-8 是含有大量变量和约束的非凸非线性问题。因此，采用交替方向乘子法（the Alternating Direction Method of Multipliers，

ADMM)[171]来简化计算。ADMM 是一种求解具有可分离的凸优化问题的重要方法，它将凸优化问题分解成更小的块，使每个块更容易处理。由于 ADMM 方法不仅具有优越的收敛性，而且还能收敛于精确最优解，因此在本文中，我们应用 ADMM 方法来解决我们提出的优化问题。

给出任意的 $\left(\mathcal{G},\{U_n\}_{n=1}^4, \mathcal{X}, \{M_n\}_{n=1}^4, \{P_n\}_{n=1}^4, \mu\right)$，问题 5-8 的增广拉格朗日函数可定义如下：

$$\min_{\substack{\mathcal{X}(\Omega)=\mathcal{X}_0(\Omega),\\ U_n \in St(I_n, R_n)}} \mathcal{L}_\mu\left(\mathcal{G}, \{U_n\}_{n=1}^4, \mathcal{X}, \{M_n\}_{n=1}^4, \{P_n\}_{n=1}^4\right) =$$

$$\sum_{n=1}^4 \alpha_n \|M_n\|_* + \beta \sum_{n=1}^4 \lambda_n \|U_n\|_1 + \frac{1}{2}\left\|\mathcal{X} - \mathcal{G}\prod_{n=1}^4 \times_n U_n\right\|_F^2 + \sum_{n=1}^4 \langle G_{(n)} - M_n, P_n \rangle +$$

$$\frac{\mu}{2}\sum_{n=1}^4 \|G_{(n)} - M_n\|_F^2 \tag{5-9}$$

其中 μ 为正的标量，$\{P_n\}_{n=1}^4$ 为拉格朗日乘子。问题 5-9 的子问题处理如下。

5.1.3.2.1 $\mathcal{G}$ 的优化

将其他参数固定的情况下，核张量 $\mathcal{G}$ 通过求解 $\min_{\mathcal{G}} \mathcal{L}_\mu\left(\mathcal{G}, \{U_n\}_{n=1}^4, \mathcal{X}, \{M_n\}_{n=1}^4, \{P_n\}_{n=1}^4\right)$ 进行更新：

$$\min_{\mathcal{G}} \quad \frac{1}{2}\left\|\mathcal{X} - \mathcal{G}\prod_{n=1}^4 \times_n U_n\right\|_F^2 + \frac{\mu}{2}\sum_{n=1}^4 \left\|G_{(n)} - M_n + \frac{P_n}{\mu}\right\|_F^2 \tag{5-10}$$

因为对于任意的张量 $\mathcal{S}$，等式 $\|\mathcal{S} \times V\|_F^2 = \|\mathcal{S}\|_F^2$ 当且仅当成立。因此，问题 5-10 第一项 n 模乘以 U_n^T 后可转换成以下形式：

$$\min_{\mathcal{G}} \quad \frac{1}{2}\|\mathcal{G} - \mathcal{H}\|_F^2 + \frac{\mu}{2}\sum_{n=1}^4 \left\|G_{(n)} - M_n + \frac{P_n}{\mu}\right\|_F^2 \tag{5-11}$$

其中 $\mathcal{H} = \mathcal{X}\prod_{n=1}^4 \times_n U_n^T$，问题 5-11 已经被证明有一个封闭的解：

5 正交张量Tucker分解算法

$$\mathcal{G} = \frac{\mathcal{H} + \mathcal{N}}{1 + 4\mu} \qquad (5\text{-}12)$$

其中。$\mathcal{N} = \sum_{n=1}^{4} \text{fold}(\mu M_n - P_n)$

5.1.3.2.2 $\{U_n\}_{n=1}^{4}$ 的优化

将 $U_k (k \neq n, 1 \leq k \leq 4)$ 和其他参数固定的情况下，因子矩阵 U_n 通过更新 $\min_{U_n \in St(I_n, R_n)} \mathcal{L}_\mu \left(\mathcal{G}, \{U_n\}_{n=1}^{4}, \mathcal{X}, \{M_n\}_{n=1}^{4}, \{P_n\}_{n=1}^{4} \right)$ 进行求解：

$$\min_{U_n \in St(I_n, R_n)} \beta \sum_{n=1}^{4} \lambda_n \|U_n\|_1 + \frac{1}{2} \left\| \mathcal{X} - \mathcal{G} \prod_{n=1}^{4} \times_n U_n \right\|_F^2 \qquad (5\text{-}13)$$

假设当前迭代为 $\left(\mathcal{G}^{[t]}, \{(U_i)^{[t]}\}_{i=1}^{n-1}, \{(U_j)^{[t-1]}\}_{j=n}^{4}, \mathcal{X}^{[t-1]}, \{(M_n)^{[t-1]}\}_{n=1}^{4}, \{(P_n)^{[t-1]}\}_{n=1}^{4} \right)$，可以通过以下形式更新：

$$\widehat{(U_n)^{[t]}} \approx \min_{U_n \in St(I_n, R_n)} \beta \sum_{n=1}^{4} \lambda_n \|U_n\|_1 + \langle \nabla, U_n - (U_n)^{[t]} \rangle + \frac{\eta_n}{2} \|U_n - (U_n)^{[t]}\|_F^2 \qquad (5\text{-}14)$$

其中 $\nabla = U_n^T G_{(n)} G_{(n)}^T - X_{(n)} \Phi_n^T$，$\Phi_n = \left(\mathcal{G}^{[t]} \prod_{k=1, k \neq n}^{4} \times_k U_k^T \right)_{(n)}$ 且 $\eta_n = \|G_{(n)} G_{(n)}\|$。因此，$\widehat{(U_n)^{[t]}}$ 可通过以下形式获得解：

$$\widehat{(U_n)^{[t]}} = \Theta_{\frac{\beta \lambda_n}{\eta_n}} \left((U_n)^{[t]} - \frac{\nabla}{\eta_n} \right) \qquad (5\text{-}15)$$

其中函数 $\Theta(x - a) = \max(x - a, 0)$ 为软阈值运算。

5.1.3.2.3 $\{M_n\}_{n=1}^{4}$ 的优化

将 $M_k (k \neq n, 1 \leq k \leq 4)$ 和其他参数固定的情况下，M_n 可通过以下形式进行更新：

$$\min_{M_n} \quad \alpha_n \|M_n\|_* + \frac{\mu}{2} \left\| G_{(n)} - M_n + \frac{P_n}{\mu} \right\|_F^2 \qquad (5\text{-}16)$$

很显然，问题 5-16 中 M_n 可获得封闭解：

$$M_n = \Theta_{\frac{\alpha_n}{\mu}} \left(G_{(n)} + \frac{P_n}{\mu} \right) \qquad (5\text{-}17)$$

其中 $\Theta_\delta(W) = D S_\delta(\Sigma) V^T$，且对于任意矩阵 W 的奇异值分解有 $W = D \Sigma V^T$，同时 $S_\delta(\Sigma_{ij}) = \max(0, \Sigma_{ij} - \delta)$ 为软阈值运算。

5.1.3.2.4 $\mathcal{X}$ 的优化

将其他参数固定的情况下，待恢复的张量 $\mathcal{X}$ 的更新可以通过解决以下问题获得：

$$\min_{\mathcal{X}(\Omega) = \mathcal{X}_0(\Omega)} \left\| \mathcal{X} - \mathcal{G} \prod_{n=1}^{4} \times_n U_n \right\|_F^2 \qquad (5\text{-}18)$$

通过投影性质，$\mathcal{X}$ 的唯一最优解可轻松通过以下形式获得：

$$\begin{cases} \overline{\Omega}(\mathcal{X}) = \overline{\Omega}(\mathcal{G} \prod_{n=1}^{4} \times_n U_n) \\ \Omega(\mathcal{X}) = \Omega(\mathcal{X}_0) \end{cases} \qquad (5\text{-}19)$$

现在，我们提出的基于交替方向乘子法（ADMM）框架的算法总结在表 5-1 的算法 1 中。

表 5-1 算法 1：通过交替方向乘子法（ADMM）解决问题 5-9

输入：两个张量 $\mathcal{X}_0, \mathcal{X} \in \mathbb{R}^{I_1 \times I_2 \cdots I_4}$；参数 $\{\alpha_n\}_{n=1}^{4}, \{\lambda_n\}_{n=1}^{4}, \beta, \gamma, t_{\max}$；

输出：因子矩阵：$\{U_n\}_{n=1}^{4}$

步骤 1：初始化：选择，

$\{(U_n)^{[0]}\}_{n=1}^{4}, \mathcal{G}^{[0]}, \mathcal{X}^{[0]} = \mathcal{X}_0, \{(P_n)^{[0]}\}_{n=1}^{4}, \rho, \mu^{[0]}, \{(M_n)^{[0]}\}_{n=1}^{4}, t = 0$

步骤 2：用式 5-12 更新 $\mathcal{G}$；

步骤 3：用式 5-15 更新 $\{U_n\}_{n=1}^{4}$；

续表

步骤 4：用式 5-17 更新 $\{M_n\}_{n=1}^{4}$；

步骤 5：用式 5-19 更新 $\mathcal{X}$；

步骤 6：用式 $(P_n)^{[t]}=(P_n)^{[t-1]}+\mu^{[t-1]}((G_n)^{[t]}-(M_n)^{[t]})$ 更新乘子；

步骤 7：让且 $\mu^{[t]}=\rho\mu^{[t-1]}$ $\rho\in(1,1.1]$；

步骤 8：令 $t=t+1$；若停止规则不满足，则回到步骤 2。

在上述算法中，迭代过程出现迭代次数达到指定次数 t_{max} 时或满足以下条件时终止：

$$\left\|\Omega(\mathcal{X}^{[t+1]}-\mathcal{G}^{[t]}\prod_{n=1}^{4}\times_n(U_n)^{[t]})\right\|_F \Big/ \|\mathcal{X}_0\|_F > \xi \text{ 并且 } t<t_{max} \quad (5\text{-}20)$$

或

$$\max(\|(G_{(n)})^{[t+1]}-(M_n)^{[t+1]}\|_F^2 > \xi(n=1,2,3,4) \text{ 并且 } t<t_{max} \quad (5\text{-}21)$$

其中 ξ 是一个规定的容忍值。

下一小节将对我们提出的算法进行分析。

5.1.3.3 算法的复杂度

我们提出的算法复杂度主要体现在每次迭代更新 $\mathcal{G}^{[t]}, \{(U_i)^{[t]}\}_{i=1}^{4}, \mathcal{X}^{[t]}$, $\{(M_n)^{[t]}\}_{n=1}^{4}$ 中。式 5-12 中，更新的计算复杂度为 $O(\sum_{n=1}^{4}(\prod_{k=1}^{n}R_k)(\prod_{j=n}^{4}I_j))$，主要体现在计算 $\mathcal{H}$ 和 $\mathcal{N}$。对于每次迭代，式 5-15 中所有 $\{(U_n)^{[t]}\}_{n=1}^{4}$ 的计算代价为 $O(2\sum_{j=1}^{4}I_j(\prod_{k=1}^{4}R_k)+\sum_{j=1}^{4}R_j(\prod_{k=1}^{4}I_k))$，其中，第一项来自计算所有的 $U_n^T G_{(n)} G_{(n)}^T \Phi_n^{(i)}$，第二项来自 $X_{(n)}\Phi_n^T$。根据式 5-17，$\{(M_n)^{[t]}\}_{n=1}^{4}$ 的更新复杂度为 $\sum_{j=1}^{4}R_j(\prod_{k=1}^{4}R_k)$。与此同时，式 5-19 更新 $\mathcal{X}^{[t]}$ 的计算复杂度为 $O(\sum_{n=1}^{4}(\prod_{k=1}^{n}I_k)(\prod_{j=n}^{4}R_j))$。因此，每次迭代的总计算复杂度为 $O(\sum_{n=1}^{4}(\prod_{k=1}^{n}R_k)(\prod_{j=n}^{4}I_j))+O(\sum_{n=1}^{4}(\prod_{k=1}^{n}I_k)(\prod_{j=n}^{4}R_j))$，其中 t 表示实验中的迭代次数。

5.1.4 OLRTDFER 算法的实验评价

在本小节中,我们将在公开的 BU-3DFE 数据库上实施数值实验,采用随机运行 10 次的实验规则作为实验方案(即设置 V,详见 3.5.2.2),将生成的识别精度的平均值作为最终的识别精度,并与该领域的最新方法进行比较,比较结果将用来评估我们提出的算法(OLRTDFER)在人脸表情识别的有效性。

5.1.4.1 实验细节

在本小节中,我们主要介绍一些实验细节,包括特征的选择、参数的设置。9 种特征的选择详见 3.6.2.1 小节。下面重点介绍参数的设置。

在我们提出的算法中,参数 μ 设置 $1e-4$。为了更好地刻画样本的相似性,我们将 $\alpha_n(n=1,2,3,4)$ 设置成 $\dfrac{\prod_{k \neq n, k=1}^{4} a_k * \|G_{(k)}\|_*}{\sum_{n=1}^{4} \prod_{k \neq n, k=1}^{4} a_k * \|G_{(k)}\|_*}$ ($a_1=0.1, a_2=0.1,$ $a_3=10, a_4=0.05$)。$\lambda_n(n=1,2,3,4)$ 依次设置成 0.05,0.05,0.05,0.85。根据式 5-15,我们设置 β 为 $w \dfrac{\theta \min_j \|X_{3,j}\|_2^2}{\lambda_3}$,其中 w 设置为 $1e-1$。令 $\mathcal{X}_0$ 为 $\mathcal{X}_{Training}$,$\{U_n^{[0]}\}_{n=1}^{4}$ 通过 $\mathcal{X}_0$ 的各模展开并高阶奇异值分解(HOSVD,详见 2.1.4 定理 2-1)而获得,同时 $\mathcal{G}^{[0]}$ 被设置为 $\mathcal{X}_0 \prod_{n=1}^{4} \times_1 ((U_n)^{[0]})^T$(详见 2.1.5 定义 2-11)。最大迭代数 t_{max} 设为 50,精度参数为 $1e-3$。为了加快收敛速度,我们采用了与第三章同样的秩降低策略,θ 将其设置为 0.998。

5.1.4.2 实验结果

我们的数值实验是在 BU-3DFE 数据库上实现的。为了评估我们提出的算法的性能,我们采用了实验规则 V 与其他更先进的方法结果进行比较。

表 5-2 显示了我们使用实验设置 V 在 BU-3DFE 数据库上的比较结果。我们可以看到,该方法的性能给出一个可接受的结果。愤怒、高兴、惊讶

这三种基本人脸表情的识别效果较好，而恐惧的识别效果最差且容易混淆到其他表情中。由于人脸的高度变形，惊讶和高兴两种表情相应的识别结果分别获得 99.83% 和 98.25%。

表 5-2　在 BU-3DFE 数据库上使用实验设置 V 的平均混淆矩阵

%	愤怒	厌恶	恐惧	高兴	悲伤	惊讶
愤怒	96.92	1.06	0.53	0.00	1.49	0.00
厌恶	2.38	92.67	3.20	0.57	0.00	1.18
恐惧	0.50	1.89	89.22	6.45	1.27	0.67
高兴	0.00	0.10	1.65	98.25	0.00	0.00
悲伤	2.72	0.80	1.57	0.00	94.91	0.00
惊讶	0.00	0.05	0.12	0.00	0.00	99.83
设置 V	95.30%					

为了观察我们提出的方法的收敛性，我们采用对数相对误差 $\log 10(\mathrm{RE})$（$\mathrm{RE} = \left\| \widehat{\mathcal{X}}^{[k+1]} - \widehat{\mathcal{X}}^{[k]} \right\|_F \Big/ \left\| \mathcal{X} \right\|_F$）进行收敛性结果比较来验证收敛性。从图 5-1a 中可以很容易地发现 RE 在 30 次以内就可以收敛，这说明本文提出的方法具有良好的收敛性能。

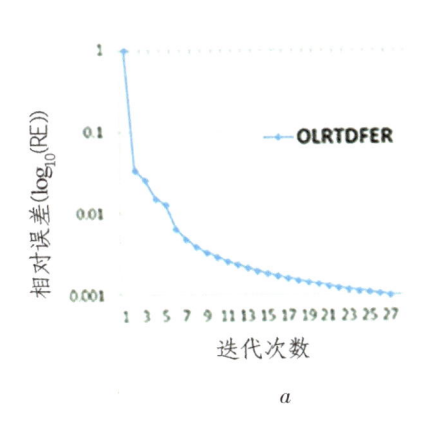

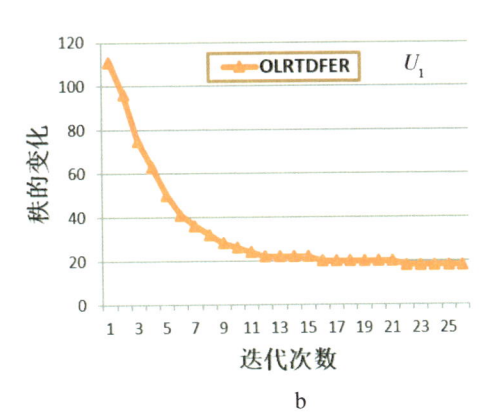

a

b

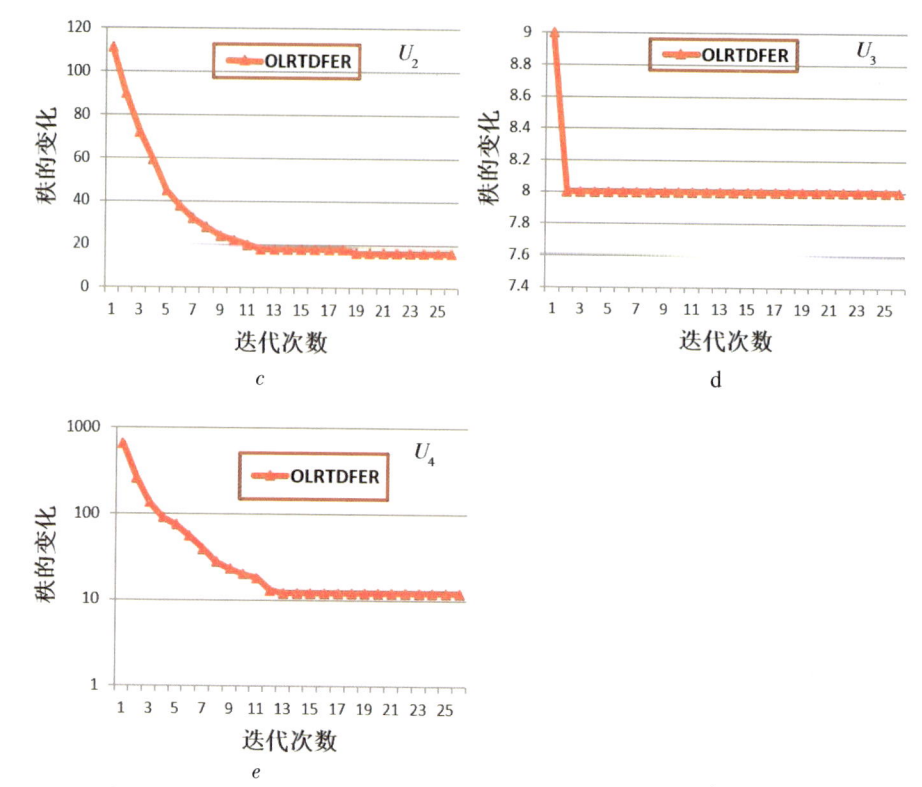

图 5-1 在 BU-3DFE 数据库上使用设置 V 的收敛性与因子矩阵 $\{U_n\}_{n=1}^4$ 的秩变化结果：a 收敛性，$b\overline{}e$ 因子矩阵 $\{U_n\}_{n=1}^4$ 的秩变化结果

因为核张量 $\mathcal{G}$ 的秩变化与因子矩阵 $\{U_n\}_{n=1}^4$ 的秩变化率密切相关，我们只考虑4个因子矩阵。4个因子矩阵的秩的变化在图 $b\overline{}e$ 中显示。从此图中我们可以很明显地看出：①表示样本数量的 U_4 变化最快，这也意味着样本之间高度的相似性；②表示的特征数量的因子矩阵 U_3 变化较小，说明特征之间冗余较小；③表示二维特征大小的因子矩阵 U_1 与 U_2 的秩变化比 U_4 较平稳。显然，因子矩阵的秩变化在小于30次迭代后不会改变，这表明我们所提出的方法通过用核张量 $\mathcal{G}$ 的低秩表示表征给定的4D张量 $\mathcal{X}$ 的低秩性的可行性。

表 5-3 在 BU-3DFE 数据库上与最先进的方法比较（T 为显示运行时间）

方法	数据	分类器	设置 V（%）
Yurtkan 等[155]	3D	SVM	88.28（8T）
Fu 等[159]	3D	NN	85.802（10T）
Yurtkan 等[156]	3D	SVM	90.8（10T）
Tang 等[150]	3D	LDA	95.10（10T）
Soyel 等[151]	3D	NN	91.30（10T）
Fu 等[174]	2D+3D	SVM	95.12（10T）
Zhao 等[42]	2D+3D	BBN	82.30（10T）
Fu 等[170]	2D+3D	SVM	95.28（10T）
OLRTDFER	2D+3D	SVM	95.30（10T）

表 5-3 显示了与最先进的方法 [42,150,151,155,156,159,170,174] 的比较。结果充分表明，我们提出的方法 OLRTDFER 优于现有的一些文献方法。

5.2 稀疏正交 Tucker 分解算法

5.2.1 引言

第三章、第四章与第五章 5.1 分别提出了基于低秩张量完备性（FERLrTC）的张量分解算法、基于先验信息（OTDFPFER）的正交张量补全算法、正交低秩 Tucker 分解算法（OLRTDFER），这些算法通过对构建的 4D 张量 Tucker 分解分别对生成的因子矩阵的低秩性、核张量的稀疏性、样本的低秩性来表征因 4D 张量建模中数据丢失而产生的样本之间相似性。这三种算法能取得较好的人脸表情识别效果。但是，这三种算法并未考虑通过构建的 4D 张量 Tucker 分解生成的因子矩阵与核张量的稀疏性来刻画样本之间相似性的问题。

为了解决以上问题，我们提出了稀疏正交 Tucker 分解算法，即借助构建 4D 张量进行正交 Tucker 分解，通过对涉及的核心张量和涉及的因子矩阵施加稀疏约束,最终产生的因子矩阵用于分类预测。内容由算法背景、算法介绍、OLRTDFER 算法的优化模型及其求解过程、OLRTDFER 算法的实验评价组成。

下一小节将介绍与我们提出的算法有关的相关算法背景。

5.2.2 张量稀疏表示

稀疏表示(SR)方法源于压缩感知(CS)[172],已广泛应用于图像处理、信号处理、模式识别、计算机视觉、机器学习等领域[173]。在对高阶张量 $\{U_n\}_{n=1}^N \in \mathbb{R}^{I_n \times R_n}$ 正交Tucker分解的基础上,可以对核张量 $\mathcal{G} \in \mathbb{R}^{R_1 \times R_2 \times \cdots \times R_k \times \cdots \times R_N}$ 或因子矩阵 $\{U_n\}_{n=1}^N \in \mathbb{R}^{I_n \times R_n}$ 通过一范数施加稀疏性,表示如下:

$$\min_{\mathcal{G},\{U_n\}_{n=1}^N} \left\{ \|\mathcal{G}\|_1 \quad s.t. \quad \mathcal{X}=\mathcal{G}\prod_{n=1}^N \times_n U_n, U_n \in St(I_n,R_n) \right\} \quad (5\text{-}22)$$

或

$$\min_{\mathcal{G},\{U_n\}_{n=1}^N} \left\{ \sum_{n=1}^N \lambda_n \|U_n\|_1 \quad s.t. \quad \mathcal{X}=\mathcal{G}\prod_{n=1}^N \times_n U_n, U_n \in St(I_n,R_n) \right\} \quad (5\text{-}23)$$

其中 λ_n 为因子矩阵 U_n 的权重系数,$\|\bullet\|_1$ 为一范数,它的值为矩阵各元素的绝对值之和。

5.2.3 SOTDFER 算法的优化模型及其求解过程

本小节提出了一种稀疏正交Tucker分解算法(SOTDFER)并用于 2D+3D 人脸表情识别。

5.2.3.1 稀疏正交 Tucker 分解模型

我们首先如 3.4.1 所述的方法构建一个 4D 张量 $\mathcal{X} \in \mathbb{R}^{I_1 \times I_2 \times N \times M}$,该张量包含 M 个 3D 人脸的样本,且每个样本包含 N 个大小为 $I_1 \times I_2$ 的特征二维图像,这些图像为 M 个样本的 2D 图像和 3D 人脸提取的共包含 N 个特征叠加而成。在正交 Tucker 分解张量 $\mathcal{X}$ 的基础上,对分解产生的核张量与因子矩阵进行一范数稀疏约束,以便寻找它们之间的强相互作用,以便更好地进行表情分类。

因此,我们提出的张量优化模型可以如下描述:

$$\min_{\mathcal{G},\{U_n\}_{n=1}^4} \|\mathcal{G}\|_1 + \gamma \sum_{n=1}^4 \lambda_n \|U_n\|_1 \quad (5-24)$$

$$s.t. \quad \mathcal{X}=\mathcal{G}\prod_{n=1}^4 \times_n U_n, \quad U_n \in St(I_n,R_n), n=1,\cdots,4$$

其中 $\{\lambda_n\}_{n=1}^4$ 为 U_n 的权重,γ 为平衡优化函数包含的两项的参数。

事实上,问题 5-24 可转换成以下形式:

$$\min_{\mathcal{G},\{U_n\}_{n=1}^4} \|\mathcal{G}\|_1 + \gamma \sum_{n=1}^4 \sum_{i=1}^{I_n} \lambda_n \|U_{n,i}\|_1 \quad (5-25)$$

$$s.t. \quad \mathcal{X}=\mathcal{G}\prod_{n=1}^4 \times_n U_n, \quad U_n \in St(I_n,R_n), n=1,\cdots,4$$

其中 $U_{n,i}$ 为 U_n 的第 i 行。根据一范数的定义,问题 5-25 可转换为:

$$\min_{\mathcal{G},\{U_n\}_{n=1}^4} \|\mathcal{G}\|_1 + \gamma \sum_{n=1}^4 \lambda_n |U_{n,i}e|_1 \quad (5-26)$$

$$s.t. \quad \mathcal{X}=\mathcal{G}\prod_{n=1}^4 \times_n U_n, \quad U_n \in St(I_n,R_n), n=1,\cdots,4$$

其中 e 为大小为 $R_n \times 1$ 的值全为 1 的向量。因此,问题 5-26 等价于解决下面问题:

$$\min_{\mathcal{G},\{U_n\}_{n=1}^4} \|\mathcal{G}\|_1 + \gamma \sum_{n=1}^4 \lambda_n \langle U_n, W \rangle \quad (5-27)$$

$$s.t. \quad \mathcal{X}=\mathcal{G}\prod_{n=1}^4 \times_n U_n, \quad U_n \in St(I_n,R_n), n=1,\cdots,4$$

其中 $W = \text{sign}(U_n)$,且 $\langle U_n, W \rangle$ 保证了非负性。

5.2.3.2 交替方向法

显然,优化问题 5-27 是含有大量变量和约束的非凸非线性问题。因此,采用交替方向法(the Alternating Direction Method,ADM)[139]来简化计算。ADM 是一种求解具有可分离的凸优化问题的重要方法，它将凸优化问题分解成更小的子问题并进行迭代求解，且分离的子问题对应的目标函数是凸函数。因此在本文中，我们应用 ADM 方法来解决我们提出的优化问题。

为了使优化问题 5-27 更容易处理，我们利用非线性等式约束的 Tikhonov 正则化将其转化成以下无约束优化问题，即将问题 5-27 转换成以下形式：

$$\min_{\substack{\mathcal{G},\{U_n\}_{n=1}^4,\\ U_n \in St(I_n,R_n)}} \mathcal{L}\left(\mathcal{G},\{U_n\}_{n=1}^4\right) = \\ \|\mathcal{G}\|_1 + \gamma \sum_{n=1}^4 \lambda_n \langle U_n, W \rangle + \frac{\theta}{2}\left\|\mathcal{X} - \mathcal{G}\prod_{n=1}^4 \times_n U_n\right\|_F^2 \quad (5\text{-}28)$$

其中 θ 用来平衡核心张量矩阵和因子矩阵的稀疏性和拟合误差的平衡参数。

5.2.3.2.1 $\mathcal{G}$ 的优化

将其他参数固定的情况下，核张量 $\mathcal{G}$ 通过求解 $\min_{\mathcal{G}} \mathcal{L}\left(\mathcal{G},\{U_n\}_{n=1}^4\right)$ 进行更新：

$$\min_{\mathcal{G}} \quad \|\mathcal{G}\|_1 + \frac{\theta}{2}\left\|\mathcal{X} - \mathcal{G}\prod_{n=1}^4 \times_n U_n\right\|_F^2 \quad (5\text{-}29)$$

由于因子矩阵的正交性 $U_n \in St(I_n, R_n)$，因此，问题 5-29 等价于以下形式：

$$\min_{\mathcal{G}} \quad \|\mathcal{G}\|_1 + \frac{\theta}{2}\left\|\mathcal{G} - \mathcal{X}\prod_{n=1}^4 \times_n U_n^T\right\|_F^2 \quad (5\text{-}30)$$

令 $g \triangleq \text{vec}(\mathcal{G}), x \triangleq \text{vec}(\mathcal{X}), H \triangleq (\otimes_n U_n)$。很显然，问题 5-30 已经有一个唯一的最优解决方案 g^*：

$$g^* = \Theta_{\frac{1}{\theta}}(P^T x), \quad (5\text{-}31)$$

其中 $\Theta_a(y) = \text{sign}(y) * \max(0, |y| - a)$ 是一个软阈值运算，a 是一个

阈值。因此，g^* 的张量形式可以表示为：

$$\mathcal{G} = \text{tensor}(g^*) \tag{5-32}$$

其中 tensor(•) 是一个通过线性映射将向量转换为张量的运算。

5.2.3.2.2 $\{U_n\}_{n=1}^{4}$ 的优化

将 $U_k (k \neq n, 1 \leq k \leq 4)$ 和其他参数固定的情况下，因子矩阵 U_n 通过更新 $\min\limits_{U_n \in St(I_n, R_n)} \mathcal{L}\left(\mathcal{G}, \{U_n\}_{n=1}^{4}\right)$ 进行求解：

$$\min_{U_n \in St(I_n, R_n)} \gamma \lambda_n \langle U_n, W \rangle + \frac{\theta}{2} \left\| U_n \Phi_n - X_{(n)} \right\|_F^2, \tag{5-33}$$

其中 $\Phi_n = G_{(n)} P$，且 $P = \bigotimes\limits_{k \neq n} U_k^T$。由于因子矩阵的正交性，问题（5-32）可转换成以下问题：

$$\max_{U_n \in St(I_n, R_n)} \langle U_n, A_n \rangle \tag{5-34}$$

其中 $A_n = \theta X_{(n)} \Phi_n^T U_n^T - \gamma \lambda_n W$，利用 von Neumann 的迹不等式[169]性质（详见 4.4.2.2），因子矩阵 U_n 可通过以下形式更新：

$$U_n = SD^T \tag{5-35}$$

其中 S 和 D 分别为 A_n 进行奇异值分解（SVD）后的左、右奇异矩阵。

现在，我们提出的基于交替方向法（ADM）框架的算法总结在表5-4 的算法2中。

表5-4　算法2：通过交替方向法（ADM）解决问题5-28

输入：一个张量 $\mathcal{X} \in \mathbb{R}^{I_1 \times I_2 \cdots \times I_4}$；参数 $\theta, \gamma, \{\lambda_n\}_{n=1}^{4}, \zeta, t_{\max}$;

输出：因子矩阵 $\{U_n\}_{n=1}^{4}$;

步骤1：初始化：选择 $\{(U_n)^{[0]}\}_{n=1}^{4}, \mathcal{G}^{[0]}, t = 0$；

步骤2：用式5-32更新 $\mathcal{G}$；

步骤3：用式5-35更新 $\{U_n\}_{n=1}^{4}$；

步骤4：令 $t = t+1$；若停止规则不满足，则回到步骤2。

在上述算法中，迭代过程出现迭代次数达到指定次数 $t_{\max}$ 时或满足以下条件时终止：

$$\left\| \mathcal{G}^{[t+1]} \prod_{n=1}^{4} \times_n (U_n)^{[t+1]} - \mathcal{G}^{[t]} \prod_{n=1}^{4} \times_n (U_n)^{[t]} \right\|_F \bigg/ \left\| \mathcal{X} \right\|_F > \xi \quad （5-36）$$

并且 $t < t_{\max}$

其中 ξ 是一个规定的容忍值。

下一小节将对我们提出的算法进行分析。

5.2.3.3 算法的复杂度

我们提出的算法复杂度主要体现在每次迭代更新 $\mathcal{G}^{[t]}, \{(U_i)^{[t]}\}_{i=1}^{4}$ 中。式 5-31 与 5-32 更新 $\mathcal{G}^{[t]}$ 的计算复杂度主要体现在计算 $P^T x$ 中，复杂度为 $O(\sum_{n=1}^{4}(\prod_{k=1}^{n} R_k)(\prod_{j=n}^{4} I_j))$。与此同时，对于每次迭代，式 5-35 中更新 U_n 的主要计算来源于 Φ_n 中，计算代价为 $O(\sum_{i=1, i \neq n}^{4} \prod_{j=1}^{i} I_j (\prod_{k=j}^{4} R_k))$。因此，每次迭代的总计算复杂度为 $O(\sum_{n=1}^{4}(\prod_{k=1}^{n} R_k)(\prod_{j=n}^{4} I_j) + O(\sum_{i=1, i \neq n}^{4} \prod_{j=1}^{4} I_j (\prod_{k=j}^{4} R_k)))$，其中 t 表示实验中的迭代次数。

5.2.4 SOTDFER 算法的实验评价

在本小节中，我们将在公开的数据库 BU-3DFE 数据库上实施数值实验，采用实验设置 I，II，V 作为实验方案（详见 3.5.2.2），将生成的识别精度的平均值作为最终的识别精度，并与该领域的最新方法进行比较，比较结果将用来评估我们提出的算法（SOTDFER）在人脸表情识别的有效性。

5.2.4.1 实验细节

在本小节中，我们主要介绍一些实验细节，包括特征的选择、参数的设置。7 种特征的选择如下：几何映射 I_g，三种法向分量映射 I_n^x、I_n^y 和 I_n^z，曲率映射（即曲率 I_c 和平均曲率 I_{mc}），可以通过文献 [28,30] 中介绍的方法得到。通过线性插值投影三维纹理图像，得到 BU-3DFE 数据库的 3 通道二维纹理信息 I_c^r、I_c^g 和 I_c^b 转换成纹理图像（可参考文献 [145]）。这些生成的 7 种特征与 LBP（Local Binary Pattern）描述符[29]一起使用。下面重点介绍参数的设置。

在我们提出的算法中，为了减少算法中参数的敏感性，参数 r 凭经验值设置为 1e1。为了更好地刻画构建 4D 张量 $\mathcal{X}$ 每模展开的稀疏性，λ_n ($n=1$,

2,3,4) 设置成 $\dfrac{\prod_{k\neq n,k=1}^{4} a_k * \|U_k\|_1}{\sum_{n=1}^{4} \prod_{k\neq n,k=1}^{4} a_k * \|U_k\|_1}$ ($a_1 = 0.1, a_2 = 0.1, a_3 = 50, a_4 = 0.05$)。

为了获得算法的平衡性能，我们设置 θ 在 $[0.1,1]$ 区间内。为了让算法能快速地收敛，我们凭经验值将 R_1, R_2, R_3, R_4 分别设置成 15，11，7，12。最大迭代数 $t_{\max}$ 设为 10，精度参数为 ξ 1e-4。

5.2.4.2 实验结果

5.2.4.2.1 不同实验设置的比较结果

我们的数值实验是在 BU-3DFE 数据库上实现的。为了评估我们提出的算法的性能，我们采用了实验规则 I、II 与 V，并与其他更先进的方法结果进行比较。

表 5-5 显示了我们使用实验设置 I、II 在 BU-3DFE 数据库上 6 个基本表情的平均识别率的比较结果。从这个表中可以看出，惊讶和高兴在 6 种表情中，由于它们的面部变形程度更高，因此获得了较高的识别率。相反，恐惧和悲伤更难以预测。同时，我们很容易发现，有三种表情（恐惧、愤怒和厌恶）易与其他任何表情混淆。与文献 [32]，[33] 相比较，我们提出的算法在实验设置 I 的悲伤表情识别率有了较大的提高。

表 5-5 在 BU-3DFE 数据库上使用实验设置 V 的平均混淆矩阵

%	愤怒	厌恶	恐惧	高兴	悲伤	惊讶
愤怒	76.08	7.61	1.69	1.31	11.53	1.78
厌恶	8.78	80.11	6.75	2.31	0.56	1.50

续表

%	愤怒	厌恶	恐惧	高兴	悲伤	惊讶
恐惧	3.47	8.33	70.83	9.31	4.36	3.69
高兴	0.08	0.97	4.00	93.81	0.00	1.14
悲伤	13.06	0.94	6.67	0.00	79.33	0.00
惊讶	0.34	1.83	2.81	1.05	0.00	93.97
设置 I	82.36%					
愤怒	75.44	5.94	3.08	1.08	13.17	1.28
厌恶	7.92	80.47	5.67	1.64	1.92	2.39
恐惧	6.03	6.28	70.81	7.33	5.03	4.53
高兴	0.18	0.34	3.33	95.22	0.00	0.92
悲伤	13.97	3.81	6.94	0.00	75.28	0.00
惊讶	0.67	2.78	2.17	0.91	0.00	93.47
设置 II	81.78%					

5.2.4.2.2 不同张量算法比较结果

为了显示我们提出的算法（SOTDFER）的优越性，一种具有类似的方法和技术的方法 APG_NTDC[146] 与 SOTDFER 进行了比较。APG_NTDC 在 3.6.3.3 中进行了详细的介绍。

我们对 APG_NTDC 算法的所有参数都根据其文献的实验参数建议进行了仔细调整：$\lambda_n(n=1,2,3,4)$ 和 λ_c 都设置为 0.5，预定义的多重线性秩设为（15,11,7,12）。

现在，我们提出的算法（OTDFPFER）与 APG_NTDC 算法在 3 个方面分别进行了比较：识别率（RA）、描述收敛性的相对误差（RE）、反映核张量与因子矩阵稀疏性变化（SV）。以下是比较结果与分析。

（1）RA：六种表情平均识别率（%）在不同的实验设置下对比结果如图 5-2 所示。从图中我们可以，无论是设置 I，还是设置 II，SOTDFER 的识别率值略高于 APG_NTDC，这充分说明了采用正交 Tucker 分解的有效性。

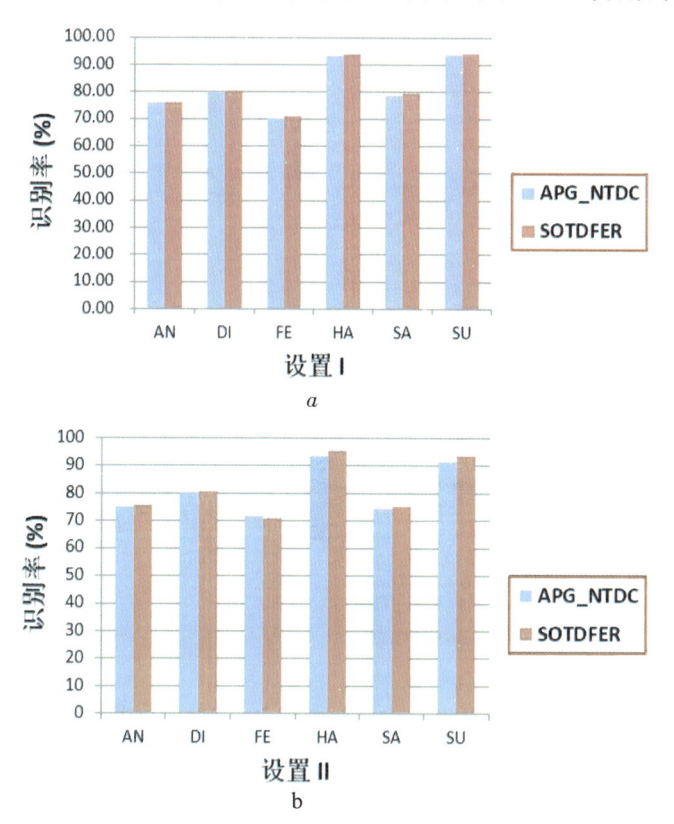

图 5-2 通过实验设置 I 与 II 在 BU-3DFE 数据库上与 APG_NTDC 进行比较

（2）RE: 公式 $RE = \left\| \mathcal{G}^{[t+1]} \prod_{n=1}^{4} \times_n (U_n)^{[t+1]} - \mathcal{G}^{[t]} \prod_{n=1}^{4} \times_n (U_n)^{[t]} \right\|_F \Big/ \left\| \mathcal{X} \right\|_F$ 通常用来验证算法的收敛性。从图 5-3a 我们可以观察到，REs 可以在 6 次内迭代中快速收敛，这是因为预定义的核心张量和因子矩阵小于原始大小。从图中我们还可以看出 APG_NTDC 在第三次迭代前收敛较快，而我们提出的方法（SOTDFER）在第二次迭代后收敛较快。这一现象充分说明了正交 Tucker 分解的重要性。

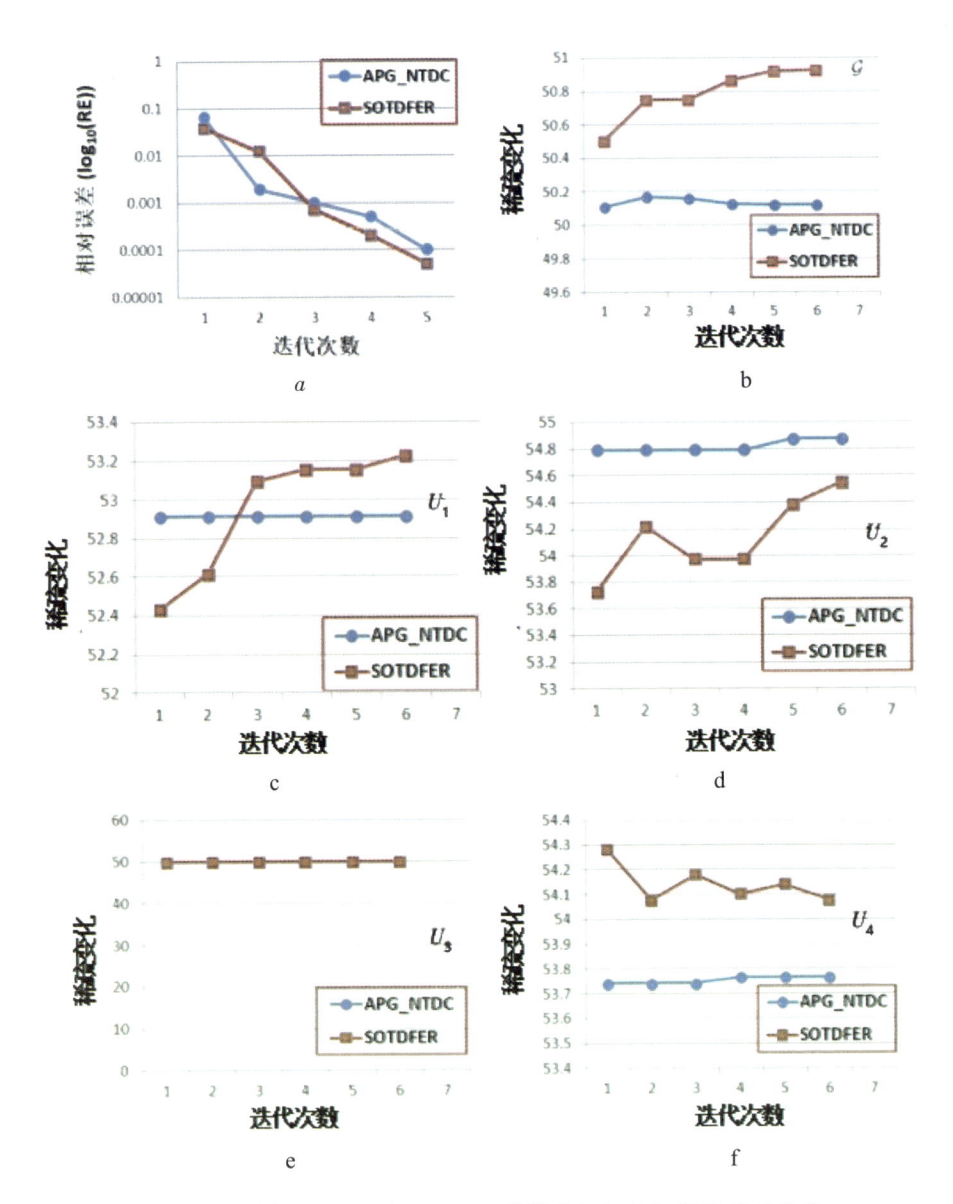

图 5-3 通过实验设置 I 在 BU-3DFE 数据库上与 APG_NTDC 进行比较：a 收敛性，b~f 核张量 $\mathcal{G}$ 与 $\{U_n\}_{n=1}^{4}$ 因子矩阵稀疏变化

（3）SV：图 5-3b~f 给出了核张量 $\mathcal{G}$ 与因子矩阵 $\{U_n\}_{n=1}^4$ 稀疏变化的比较结果。很容易看出 SOTDFER 除因子矩阵外变化剧烈，而 APG_NTDC 相对稳定。同时，与 APG_NTDC 相比，SOTDFER 得到了更高的核张量与因子矩阵的稀疏率。比较结果充分表明，核张量和因子矩阵的稀疏变化说明了正交性约束对 SOTDFER 有较大影响。

5.2.4.2.3 与其他方法的比较

表 5-6 显示了我们提出的方法（SOTDFER）与文献 [24，33，42，150-154，158，159] 在数据、特征、分类器和准确性方面进行了比较。早期 3D 人脸表情识别的研究 [24，150，151] 采用了这样的实验协议（即原实验方案）：固定 60 名测试者，测试 10 次。从这个表中可以看出，性能并不稳定。Gong 等人[152] 用设置 I 重新做了实验。大部分工作 [33, 150-154] 采用了设置 I 或 II。因此，我们使用了两个实验设置。

由表 5-6 我们可以看出，SOTDFER 利用实验设置 I、II 和 V 的平均人脸表情识别率分别达到 82.36%，81.78% 和 95.12%，分别优于上述方法。由此可见，我们提出的方法获得了稳定的性能。

表 5-6 在 BU-3DFE 数据库上与最先进的方法比较（T 显示运行时间）

方法	数据	特征	分类器	设置 I（%）	设置 II（%）	设置 V（%）
Wang 等[24]	3D	curvatures/histogram	LDA	61.79	–	83.60（20T）
Fu 等[159]	3D	normals, curvature	NN	–	–	85.802（10T）
Tang 等[150]	3D	points/distance	LDA	74.51	–	95.10（10T）
Gong 等[152]	3D	depth/PAC	SVM	76.22	–	–
Soyel 等[151]	3D	points/distance	NN	67.52	–	91.30（10T）
Berretti 等[153]	3D	depth/SIFT	SVM	–	77.54	–

续表

方法	数据	特征	分类器	设置 I (%)	设置 II (%)	设置 V (%)
Li 等[154]	3D	normals/LBP	MKL	–	80.14	–
Lemaire 等[33]	3D	mean curvature/HOG	SVM	–	76.61	–
Zeng 等[158]	3D	curvatures/LBP	SRC	–	70.93	–
Zhao 等[42]	2D+3D	intensity, coordinates, shape index/LBP	BBN	–	–	82.30 (10T)
SOTDFER	2D+3D	depth, normals, textures shape index/LBP	SVM	82.36	81.78	95.12 (10T)

5.3 本章小结

本章提出了两种正交张量分解算法：正交低秩 Tucker 分解算法（OLRTDFER）和稀疏正交 Tucker 分解算法（SOTDFER），并运用于 2D+3D 人脸表情识别方法。OLRTDFER 方法利用构建的张量 $\mathcal{X}_0$ 各模的核范数来刻画由于 3D 人脸的样本投影到二维平面时导致 M 个样本高度的相似性，并利用张量完备性技术将 $\mathcal{X}_0$ 的信息恢复。同时为了避免产生的因子矩阵 $\{U_n\}_{n=1}^4$ 稠密，我们将稀疏表示施加于因子矩阵上。最后利用交替方向乘子法（ADMM）来解决提出的优化问题。SOTDFER 方法构建了每个样本包含 7 个二维图像特征并由其叠加而成的一个 4D 张量 $\mathcal{X}$，在正交 Tucker 分解张量 $\mathcal{X}$ 的基础上，对分解产生的核张量与因子矩阵进行一范数稀疏约束，以便寻找它们之间的强相互作用来更好地进行表情分类。最后通过交替方向法（ADM）来解决提出的优化问题。两种方法都分析了算法的计算复杂度。在 BU-3DFE 上进行了大量的数值实验，验证了两种方法的有效性。实验结果同时也说明了在算法中利用正交 Tucker 分解能较好地在低维张量子空间提取真实反映三维张量表情的低维特征。

5 正交张量 Tucker 分解算法

　　探索三维张量流形学习中反映样本间关系图的优化是我们一个可能的未来工作，如在文献 [175] 中引入的最优拉普拉斯矩阵，它同时考虑了局部回归和全局对齐。另外，我们还需要从纹理化的 3D 人脸数据中提取出更有效的特征，并建立相应的高阶张量模型，由此得到的张量优化将具有较大的规模。因此，我们需要有效和鲁棒的算法。所有这些都将是我们今后努力的方向。

6 结论

6.1 前期工作总结

人脸表情传递着人类情绪状态,是人类重要的情绪信号系统。随着人脸扫描技术、模式识别技术与计算机视觉技术的快速发展,作为人工智能、神经学和行为科学交叉的一个跨学科应用领域,三维人脸表情识别技术因科学挑战和应用潜力已经受到人们的广泛关注。本文重点研究如何对三维人脸表情数据实施高维张量建模,并借助稀疏低秩张量分解来刻画人脸表情张量数据蕴含的相似性、相关性等空间结构特征,根据高维张量在几何流形分布的特点,结合图嵌入框架技术,提出相应的稀疏低秩张量优化模型并高效求解,最后得到的有效低维特征用来人脸表情识别。主要的研究成果总结如下:

(1)将张量分解理论应用于三维人脸表情识别研究,设计并完成了从张量数据模型的构建、稀疏低秩张量优化模型的建立、张量优化算法设计到实验验证体系的设计等一系列基于稀疏低秩张量分解理论的三维人脸表情识别理论框架与实验体系。这一张量建模思想与稀疏低秩张量分解技术,属于三维人脸表情识别方法论上的一个新技术。另外,我们对提出的稀疏低秩张量优化模型设计了快速稳健优化算法,进行高效求解,并深入分析了相应的高阶张量优化理论,其研究结果将充实三维人脸表情识别的大规模优化理论的研究内容与最优化理论。

(2)从当前基于向量表示的特征提取方法产生的问题出发,构建了基于张量表示的多模态 4D 张量样本数据,并提出了一种基于低秩张量完备性

（FERLrTC）的张量分解算法。该算法通过张量分解产生的因子矩阵的低秩结构和核张量的稀疏性，利用低秩和稀疏表示刻画了由于构建 4D 张量过程中部分数据的丢失而产生的样本间高度相似性，此相似性保持了投影空间的判别性。同时嵌入了一个张量完备性框架来补全缺失的数据。这种基于张量分解的低秩完备性算法能够更好地捕获 4D 张量的低秩结构，并在低维张量子空间中使生成的低维特征较好地反映原始 4D 张量数据的本质，从而增强张量恢复能力和人脸表情识别的识别效果。

（3）从 4D 张量表情样本通过张量分解后提取的低维特征在张量子空间中也表现相似的问题出发，将 4D 张量的第 4 模的相似矩阵导出的 Laplacians 图作为先验信息，提出了一种基于先验信息的正交张量补全算法（OTDFPFER）。利用图嵌入正则化框架与张量分解产生的核张量的稀疏性结构结合来表征构建 4D 张量过程中因部分数据的丢失而产生样本之间的相似性，保持了低维空间的一致性。这种基于先验信息的正交张量补全算法能够实现提取的低维特征在张量子空间中也表现相似，说明了在算法中引入与因子矩阵相关的图嵌入框架比利用因子矩阵的低秩性结构更能表征样本间的相似性。实验结果表明 OTDFPFER 对人脸表情识别有很好的效果。

（4）从降低高阶张量计算复杂度出发，我们利用基于低秩逼近的 Tucker 分解，从高阶张量数据中获取其内在多维结构并提取有用信息用于人脸表情识别，提出了两个正交 Tucker 分解算法，并在 BU-3DFE 上对我们提出的两个算法进行了验证。OLRTDFER 方法利用构建的张量 $\mathcal{X}_0$ 各模的核范数来刻画由于 3D 人脸的样本投影到二维平面时导致将 M 个样本高度的相似性，并利用张量完备性技术以将 $\mathcal{X}_0$ 的信息恢复。最后利用交替方向乘子法（ADMM）来解决提出的优化问题。SOTDFER 方法在正交 Tucker 分解构建的 4D 张量 $\mathcal{X}$ 的基础上，对分解产生的核张量与因子矩阵进行一范数稀疏约束，以便寻找它们之间的强相互作用来更好地进行表情分类。最后通过交替方向法（ADM）来解决提出的优化问题。两种方法都分析了算法的计算复杂度。在 BU-3DFE 上进行了大量的数值实验，验证了两种方法的有效性。实验结果同时也说明了在算法中利用正交 Tucker 分解能较好地获取其内在多维结构并提取有用信息，即在低维张量子空间提取真实反映三维张量表情的低维特征。实验结果显示了这两种正交 Tucker 分解算法取得了较好的人脸表情识别效果。

6.2 未来工作的展望

本文基于张量分解理论，提出了一系列 2D+3D 人脸表情识别算法。实际上，利用张量分解理论进 BU3DFE 行三维人脸表情识别是一个非常具有挑战性的课题。若想达到实用并实时目的，将来还有很长的一段路要走。本文尝试了一些新的方法，然而还存在着一些问题还需解决。对于未来的工作仍需进一步深入研究：

（1）从纹理化的三维人脸数据中提取出更有效的特征，并建立相应的高阶张量模型。由于得到的张量模型将具有较大的规模，因此需要有效和鲁棒的算法。同时构建的张量数据模型进行优化后将具有相对大的规模，不仅需要更有效和更稳健的算法，还需深入分析相应的高阶张量优化理论。

（2）为所构造的张量数据探索流形学习中反映样本间关系图的优化，进而优化拉普拉斯矩阵，同时考虑稀疏性、局部回归和全局对齐等因素。

（3）将张量分解技术与深度学习技术结合，完成 2D+3D 人脸表情识别任务。

（4）利用三维人脸动态表情数据，从每种样本表情序列中提取一定数目的连续图像帧，构造高维张量，并利用张量分解技术进行三维人脸表情识别。

参考文献

[1] Mehrabian A. Communication without words[J]. Communication theory, 2008, 6: 193-200.

[2] Kobayashi H, Hara F, Ikeda S, et al. A basic study of dynamic recognition of human facial expressions[C]. // IEEE International Workshop on Robot and Human Communication. IEEE, 1993.

[3] Matsuno K, Lee W, Kimura S, et al. Automatic recognition of human facial expressions [C]. // IEEE International Conference on Computer Vision. IEEE, 1995.

[4] 黄寿喜. 基于深度学习的人脸表情识别研究[D]. 广东工业大学, 2017.

[5] Fasel B, Luettin J. Automatic facial expression analysis: a survey[J]. Pattern recognition, 2003, 36（1）: 259-275.

[6] Microexpression. Facial action coding system:manual[M]. Agriculture, 1978.

[7] Duchenne B. Mécanisme de la physionomie humaine: où, Analyse électro-physiologique de l'expression des passions[M]. J.-B. Baillière, 1876.

[8] Darwin C, Prodger P. The expression of the emotions in man and animals[M]. Oxford University Press, USA, 1998.

[9] Ekman P, Friesen V. Constants across cultures in the face and emotion[J]. Journal of personality and social psychology, 1971,

17（2）：124.

[10] Ekman P, Friesen V, O'sullivan M, et al. Universals and cultural differences in the judgments of facial expressions of emotion[J]. Journal of personality and social psychology, 1987, 53（4）：712.

[11] Friesen E, Ekman P. Facial action coding system: a technique for the measurement of facial movement[J]. Palo Alto, 1978, 3.

[12] Sown M. A preliminary note on pattern recognition of facial emotional expression[C]. // The 4th International Joint Conferences on Pattern Recognition. 1978.

[13] Pantic M, Rothkrantz M. Automatic analysis of facial expressions: The state of the art[J]. IEEE transactions on pattern analysis and machine intelligence, 2000, 22（12）：1424-1445.

[14] Wang S, Liu Z, Lv S, et al. A natural visible and infrared facial expression database for expression recognition and emotion inference[J]. IEEE transactions on multimedia, 2010, 12（7）：682-691.

[15] Huang Y, Li Y, Fan N. Robust symbolic dual-view facial expression recognition with skin wrinkles: local versus global approach[J]. IEEE transactions on multimedia, 2010, 12（6）：536-543.

[16] Fang T, Zhao X, Ocegueda O, et al. 3D facial expression recognition: A perspective on promises and challenges[C]. // IEEE International Conference on Automatic Face & Gesture Recognition & Workshops. IEEE, 2011.

[17] Fang T, Zhao X, Ocegueda O, et al. 3D/4D facial expression

analysis: An advanced annotated face model approach[J]. Image and vision computing, 2012, 30（10）:738-749.

[18] Sandbach G , Zafeiriou S , Pantic M , et al. Static and dynamic 3D facial expression recognition: A comprehensive survey[J]. Image and vision computing, 2012, 30（10）:p.683-697.

[19] Corneanu A, Simón O, Cohn F, et al. Survey on rgb, 3d, thermal, and multimodal approaches for facial expression recognition: History, trends, and affect-related applications[J]. IEEE transactions on pattern analysis and machine intelligence, 2016, 38（8）: 1548-1568.

[20] Sun Y, Chen X, Rosato M, et al. Tracking vertex. flow and model adaptation for three-dimensional spatiotemporal face analysis[J]. IEEE transactions on systems, man, and cybernetics-part A: systems and humans, 2010, 40（3）: 461-474.

[21] Munoz E, Buenaposada M, Baumela L. A direct approach for efficiently tracking with 3D morphable models[C]. // IEEE 12th International Conference on Computer Vision. IEEE, 2009.

[22] Yin L , Wei X , Longo P , et al. Analyzing facial expressions using intensity-variant 3D data for human computer interaction[C]. // IEEE International Conference on Pattern Recognition. IEEE, 2006.

[23] Zarbakhsh P, Demirel H. 4D facial expression recognition using multimodal time series analysis of geometric landmark-based deformations[J]. The visual computer, 2019: 1-15.

[24] Wang J, Yin L, Wei X, et al. 3D facial expression recognition based on primitive surface feature distribution[C]. // IEEE

Computer Society Conference on Computer Vision and Pattern Recognition. IEEE, 2006.

[25] 岳雷,沈庭芝. 基于自动提取特征点的三维人脸表情识别[J]. 北京理工大学学报, 2016, 36（5）:508-513.

[26] Sha T, Song M, Bu J, et al. Feature level analysis for 3D facial expression recognition[J]. Neurocomputing, 2011, 74（12-13）:2135-2141.

[27] Hamimah U, Spann M. Surface normals with modular approach and weighted voting scheme in 3D facial expression classification[J]. International journal of computer & information technology, 2014.

[28] Maalej A, Amor B B, Daoudi M, et al. Shape analysis of local facial patches for 3D facial expression recognition[J]. Pattern recognition, 2011, 44（8）: 1581-1589.

[29] Li X, Ruan Q, Jin Y, et al. Fully automatic 3D facial expression recognition using polytypic multi-block local binary patterns[J]. Signal processing, 2015, 108: 297-308.

[30] Li H, Sun J, Xu Z, et al. Multimodal 2D+ 3D facial expression recognition with deep fusion convolutional neural network[J]. IEEE transactions on multimedia, 2017, 19（12）: 2816-2831.

[31] Li H, Sun J, Wang D, et al. Deep representation of facial geometric and photometric attributes for automatic 3d facial expression recognition[J]. Computer science, 2015.

[32] Yang X, Huang D, Wang Y, et al. Automatic 3d facial expression recognition using geometric scattering representation[C]. // IEEE International Conference and Workshops on Automatic Face and Gesture Recognition（FG）. IEEE, 2015.

[33] Lemaire P, Ardabilian M, Chen L, et al. Fully automatic 3D facial expression recognition using differential mean curvature maps and histograms of oriented gradients[C]. // IEEE International Conference & Workshops on Automatic Face & Gesture Recognition. IEEE, 2013.

[34] Li H, Ding H, Huang D, et al. An efficient multimodal 2D+3D feature-based approach to automatic facial expression recognition[J]. Computer vision and image understanding, 2015, 140: 83-92.

[35] Li X, Ruan Q, Ming Y. A remarkable standard for estimating the performance of 3D facial expression features[J]. Neurocomputing, 2012, 82:99-108.

[36] Savran A, Bülent Sankur, Bilge M T. Comparative evaluation of 3D vs. 2D modality for automatic detection of facial action units[J]. Pattern recognition, 2011, 45（2）:767-782.

[37] Wei X, Li H, Sun J, et al. Unsupervised domain adaptation with regularized optimal transport for multimodal 2D+3D facial expression recognition[C]. // IEEE International Conference on Automatic Face & Gesture Recognition. IEEE, 2018.

[38] Zhen Q, Huang D, Wang Y, et al. Muscular movement model-based automatic 3D/4D facial expression recognition[J]. IEEE transactions on multimedia, 2016, 18（7）:1438-1450.

[39] Mpiperis I, Malassiotis S, Strintzis M G. Bilinear models for 3D face and facial expression recognition[J]. IEEE transactions on information forensics & security, 2008, 3（3）:498-511.

[40] Mpiperis I, Malassiotis S, Strintzis M G. Bilinear elastically deformable models with application to 3d face and facial

expression recognition[C]. // IEEE International Conference on Automatic Face & Gesture Recognition. IEEE, 2008.

[41] Demisse G, Aouada D, Ottersten B. Deformation-based 3D facial expression representation[J]. ACM Transactions on multimedia computing, communications, and applications, 2018, 14（1s）: 1-22.

[42] Zhao X, Huang D, Emmanuel D, et al. Automatic 3D facial expression recognition based on a bayesian belief net and a statistical facial feature model[C]. // IEEE International Conference on Pattern Recognition. IEEE Computer Society, 2010.

[43] Chen Z, Huang D, Wang Y, et al. Fast and light manifold cnn based 3D facial expression recognition across pose variations[C]. // The 26th ACM International Conference on Multimedia. 2018.

[44] Jin X, Sun W, Jin Z. A discriminative deep association learning for facial expression recognition[J]. International journal of machine learning and cybernetics, 2020, 11（4）: 779-793.

[45] Tian K, Zeng L, McGrath S, et al. 3D facial expression recognition using deep feature fusion CNN[C]. // IEEE 30th Irish Signals and Systems Conference（ISSC）. IEEE, 2019.

[46] Jiao Y, Niu Y, Zhang Y, et al. Facial attention based convolutional neural network for 2D+ 3D Facial Expression Recognition[C]. // IEEE Visual Communications and Image Processing. IEEE, 2019.

[47] 刘帅师，程曦，郭文燕，等. 深度学习方法研究新进展[J]. 智能系统学报，2016（5）: 567-577.

[48] Li H, Sun J, Xu Z, et al. Multimodal 2D+ 3D facial expression recognition with deep fusion convolutional neural network[J]. IEEE transactions on multimedia, 2017, 19（12）: 2816-2831.

[49] Trimech I, Maalej A, Amara N. Data augmentation using non-rigid CPD registration for 3D facial expression recognition[C]. // IEEE International Multi-Conference on Systems, Signals & Devices. IEEE, 2019.

[50] Cristianini N, Shawe-Taylor J. An introduction to support vector machines and other kernel-based learning methods[M]. Cambridge university press, 2000.

[51] Sebe N, Lew M S, Cohen I, et al. Emotion recognition using a cauchy naive bayes classifier[C]. // IEEE International Object Recognition Supported by User Interaction for Service Robots. IEEE, 2002.

[52] Bradley B. Neural networks: A comprehensive foundation[J]. Information processing & management, 1995, 31（5）:786.

[53] Wright J, Yang A Y, Ganesh A, et al. Robust face recognition via sparse representation[J]. IEEE transactions on pattern analysis and machine intelligence, 2008, 31（2）: 210-227.

[54] 王占. 基于稀疏子空间分析的人脸表情识别算法研究[D]. 北京交通大学, 2017.

[55] Krizhevsky A, Sutskever I, Hinton G. ImageNet classification with deep convolutional neural networks[J]. Advances in neural information processing systems, 2012, 25（2）.

[56] Geoffrey E, Hinton, S, et al. A fast learning algorithm for deep belief nets[J]. Neural computation, 2006.

[57] Cohen I, Sebe N, Gozman G, et al. Learning Bayesian network

classifiers for facial expression recognition both labeled and unlabeled data[C]. // IEEE Computer Society Conference on Computer Vision and Pattern Recognition. IEEE, 2003.

[58] Zhang L, Yang M, Feng X. Sparse representation or collaborative representation: Which helps face recognition?[C]. // IEEE International Conference on Computer Vision. IEEE, 2011.

[59] Yin L, Wei X, Sun Y, et al. A 3D facial expression database for facial behavior research[C]. // IEEE International Conference on Automatic Face & Gesture Recognition. IEEE, 2006.

[60] Yin L, Chen X, Sun Y, et al. A high-resolution 3D dynamic facial expression database[C]. // IEEE International Conference and Workshops on Automatic Face and Gesture Recognition. IEEE, 2013.

[61] Savran A, Alyüz N, Dibeklioglu H, et al. Bosphorus database for 3D face analysis[C]. // European Workshop on Biometrics and Identity Management. Springer, Berlin, Heidelberg, 2008.

[62] Ekman P, Friesn V. Facial action coding system (FACS): manual[J]. Palo Alto:Consulting Psychologists Press, 1978.

[63] Zhang X, Yin L, Cohn F, et al. Bp4d-spontaneous: a high-resolution spontaneous 3d dynamic facial expression database[J]. Image and vision computing, 2014, 32(10): 692-706.

[64] Sun Y, Yin L. Facial expression recognition based on 3D dynamic range model sequences[C]. // European Conference on Computer Vision. Springer, Berlin, Heidelberg, 2008.

[65] Kolda T G, Bader W. Tensor decompositions and applications[J]. SIAM review, 2009, 51(3): 455-500.

[66] 刘帅. 基于张量表示的人脸表情识别算法研究[D]. 北京交通大学, 2012.

[67] Greub H. Multilinear Algebra[M], 2nd ed. New York, Springer Verlag, 1978.

[68] Tao D, Li X, Wu X, et al. General tensor discriminant analysis and gabor features for gait recognition[J]. IEEE transactions on pattern analysis and machine intelligence, 2007, 29（10）: 1700-1715.

[69] Goldfarb D, Qin Z. Robust low-rank tensor recovery: Models and algorithms[J]. SIAM journal on matrix analysis and applications, 2014, 35（1）: 225-253.

[70] Gandy S, Recht B, Yamada I. Tensor completion and low-n-rank tensor recovery via convex optimization[J]. Inverse problems, 2011, 27（2）: 025010.

[71] Liu Y, Shang F. An efficient matrix factorization method for tensor completion[J]. IEEE signal processing letters, 2013, 20（4）: 307-310.

[72] Liu J , Musialski P , Wonka P , et al. Tensor completion for estimating missing values in visual data[C]. // IEEE International Conference on Computer Vision. IEEE, 2009.

[73] Xu Y , Yin W . A block coordinate descent method for regularized multiconvex optimization with applications to nonnegative tensor factorization and completion[J]. SIAM journal on imaging sciences, 2015, 6（3）:1758-1789.

[74] Morup M. Applications of tensor （multiway array） factorizations and decompositions in data mining[J]. Wiley interdisciplinary reviews: Data mining and knowledge discovery,

2011, 1（1）: 24-40.

[75] Zhong J, Lu J, Liu Y, et al. Synchronization in an array of output-coupled Boolean networks with time delay[J]. IEEE transactions on neural networks and learning systems, 2014, 25（12）: 2288-2294.

[76] Karatzoglou A, Amatriain X, Baltrunas L, et al. Multiverse recommendation: n-dimensional tensor factorization for context-aware collaborative filtering[C]. //The Fourth ACM Conference on Recommender Systems. 2010.

[77] Xiong L, Chen X, Huang K, et al. Temporal collaborative filtering with bayesian probabilistic tensor factorization[C]. // The 2010 SIAM International Conference on Data Mining. Society for Industrial and Applied Mathematics, 2010.

[78] Cong F, Lin H, Kuang D, et al. Tensor decomposition of EEG signals: a brief review[J]. Journal of neuroscience methods, 2015, 248: 59-69.

[79] Cichocki A, Zdunek R, Phan H, et al. Nonnegative matrix and tensor factorizations[J]. 2009, 10.1002/9780470747278:433-472.

[80] 张贤达. 矩阵分析与应用[M]. 清华大学出版社, 2013.

[81] Hitchcock L. The expression of a tensor or a polyadic as a sum of products[J]. Journal of mathematics and physics, 1927, 6（1-4）: 164-189.

[82] Hitchcock L. Multiple invariants and generalized rank of a p-way matrix or tensor[J]. Journal of mathematics and physics, 1928, 7（1-4）: 39-79.

[83] Tucker R. Implications of factor analysis of three-way matrices for measurement of change[J]. Problems in measuring change,

1963, 15: 122-137.

[84] Tucker R. The extension of factor analysis to three-dimensional matrices[J]. Contributions to mathematical psychology, 1964, 110-119.

[85] Tucker R. Some mathematical notes on three-mode factor analysis[J]. Psychometrika, 1966, 31（3）: 279-311.

[86] Harshman A . Foundations of the parafac procedure : Models and conditions for an "explanatory" multimodal factor analysis[J]. Ucla working papers in phonetics, 1970, 16.

[87] Carroll D , Chang J . Analysis of individual differences in multidimensional scaling via an n-way generalization of "Eckart-Young" decomposition[J]. Psychometrika, 1970, 35（3）:283-319.

[88] Cichocki A , Mandic D , Lathauwer L , et al. Tensor decompositions for signal processing applications from two-way to multiway component analysis[J]. IEEE signal processing magazine, 2015, 32（2）:145-163.

[89] Lathauwer L , Moor B , Vandewalle J . A multilinear singular value decomposition[J]. SIAM journal on matrix analysis and applications, 2000, 21（4）:1253-1278.

[90] Kruskal J B, Rank D. Uniqueness for 3-way and n-way arrays[J]. Multiway data analysis,1989, 7-18.

[91] Donoho L. Compressed sensing[J]. IEEE transactions on information theory, 2006, 52（4）:1289-1306.

[92] Candès J, Recht B. Exact matrix completion via convex optimization[J]. Foundations of computational mathematics, 2009, 9（6）: 717.

[93] Fu Y, Gao J, Tien D, et al. Tensor LRR based subspace clustering[C]. // IEEE International Joint Conference on Neural Networks. IEEE, 2014.

[94] Blondel M, Seki K, Uehara K. Block coordinate descent algorithms for large-scale sparse multiclass classification[J]. Machine learning, 2013, 93（1）: 31-52.

[95] Shen Y, Wen Z, Zhang Y. Augmented Lagrangian alternating direction method for matrix separation based on low-rank factorization[J]. Optimization methods and software, 2014, 29（2）: 239-263.

[96] Lin Z, Liu R, Su Z. Linearized alternating direction method with adaptive penalty for low-rank representation[C]. // Advances in Neural Information Processing Systems. 2011.

[97] Shi J, Malik J. Normalized cuts and image segmentation[J]. IEEE Transactions on pattern analysis and machine intelligence, 2000, 22（8）: 888-905.

[98] Bregler C, Omohundro M. Nonlinear image interpolation using manifold learning[C]. // Advances in Neural Information Processing Systems. 1995.

[99] Bregler C, Omohundro M. Nonlinear manifold learning for visual speech recognition[C]. // IEEE International Conference on Computer Vision. IEEE, 1995.

[100] 李春光. 流形学习及其在模式识别中的应用[M]. 北京邮电大学, 2007.

[101] Silva D, Tenenbaum B. Global versus local methods in nonlinear dimensionality reduction[C]. // Advances in Neural Information Processing Systems. 2003.

[102] 张军平. 流形学习若干问题研究[M]. 清华大学出版社, 2006.

[103] Tenenbaum B, De Silva V, Langford C. A global geometric framework for nonlinear dimensionality reduction[J]. Science, 2000, 290(5500): 2319-2323.

[104] Roweis T, Saul K. Nonlinear dimensionality reduction by locally linear embedding[J]. Science, 2000, 290(5500): 2323-2326.

[105] Seung S, Lee D. The manifold ways of perception[J]. Science, 2000, 290(5500): 2268-2269.

[106] 王建中. 基于流形学习的数据降维方法及其在人脸识别中的应用[D]. 东北师范大学, 2010.

[107] Belkin M, Niyogi P. Laplacian eigenmaps and spectral techniques for embedding and clustering[C]. // Advances in Neural Information Processing Systems. 2002.

[108] Borg I, Groenen F. Modern multidimensional scaling: theory and applications[J]. Journal of Educational Measurement, 2010, 40(3):277-280.

[109] Bengio Y, Paiement J, Vincent P, et al. Out-of-sample extensions for lle, isomap, mds, eigenmaps, and spectral clustering[C]. // Advances in Neural Information Processing Systems. 2004.

[110] Brand M, Huang K. A unifying theorem for spectral embedding and clustering[C]// AISTATS. 2003.

[111] He X, Niyogi P. Locality preserving projections[C]. //Advances in Neural Information Processing Systems. 2004.

[112] Turk A, Pentland A P. Face recognition using eigenfaces[C]. // IEEE Computer Society Conference on Computer Vision and Pattern Recognition. 1991.

[113] Belhumeur N, Hespanha J P, Kriegman D J. Eigenfaces vs. fisherfaces: Recognition using class specific linear projection[J]. IEEE transactions on pattern analysis and machine intelligence, 1997, 19（7）: 711-720.

[114] F.Chung. Spectral graph theory, CBMS Reglonal Conference Series in Mathematies[C]. // IEEE Conference Board of the Mathematical Sciences, Washington, 1997.

[115] 刘亚楠. 基于图和低秩表示的张量分解方法及应用研究[D]. 安徽大学, 2014.

[116] An J, Zhang X, Zhou H, et al. Tensor-based low-rank graph with multimanifold regularization for dimensionality reduction of hyperspectral images[J]. IEEE transactions on geoscience and remote sensing, 2018, 56（8）: 4731-4746.

[117] Dai G, Yeung Y. Tensor embedding methods[C]. // National Conference on Artificial Intelligence. AAAI Press, 2006.

[118] Yang L, Fang J, Li H, et al. An iterative reweighted method for tucker decomposition of incomplete multiway tensors[J]. IEEE transactions on signal processing, 2015, 64（18）:4817-4829.

[119] Shi J, Yang W, Yong L, et al. Low-rank tensor completion via tucker decompositions[J]. Journal of computational information systems, 2015, 11（10）:3759-3768.

[120] Narita A, Hayashi K, Tomioka R, et al. Tensor factorization using auxiliary information[J]. Data mining and knowledge discovery, 2012, 25（2）: 298-324.

[121] Liu J, Musialski P, Wonka P, et al. Tensor completion for estimating missing values in visual data[J]. IEEE transactions

on pattern analysis and machine intelligence, 2012, 35（1）: 208-220.

[122] Xu Y, Hao R, Yin W, et al. Parallel matrix factorization for low-rank tensor completion[J]. Inverse problems & imaging, 2017, 9（2）:601-624.

[123] Chen L, Hsu T, Liao M. Simultaneous tensor decomposition and completion using factor priors[J]. IEEE transactions on pattern analysis & machine intelligence, 2014, 36（3）:577.

[124] Phan H, Cichocki A. Tensor decompositions for feature extraction and classification of high dimensional datasets[J]. Nonlinear theory and its applications, 2011, 1（1）:37-68.

[125] 刘亚楠, 刘路路, 罗斌. 基于低秩表示的非负张量分解算法[J]. 计算机应用研究, 2016（2016 年 01）: 300-303.

[126] Cichocki A, Mandic D, Lathauwer L, et al. Tensor decompositions for signal processing applications: From two-way to multiway component analysis[J]. IEEE signal processing magazine, 2015, 32（2）: 145-163.

[127] Liu Y, Shang F, Fan W, et al. Generalized higher order orthogonal iteration for tensor learning and decomposition[J]. IEEE transactions on neural networks and learning systems, 2015, 27（12）: 2551-2563.

[128] Zhong G, Cheriet M. Large margin low rank tensor analysis[J]. Neural computation, 2014, 26（4）: 761-780.

[129] Zhou G, Cichocki A, Zhao Q, et al. Efficient nonnegative tucker decompositions: Algorithms and uniqueness[J]. IEEE transactions on image processing, 2015, 24（12）: 4990-5003.

[130] Phan H, Cichocki A. Extended HALS algorithm for nonnegative

tucker decomposition and its applications for multiway analysis and classification[J]. Neurocomputing, 2011, 74 (11):1956-1969.

[131] Zhou G, Cichocki A, Xie S. Decomposition of big tensors with low multilinear rank[J]. Computer science, 2014.

[132] Kotsia I, Patras I. Support tucker machines[C]. // IEEE Conference on Computer Vision and Pattern Recognition, 2011.

[133] Yokota T, Cichocki A. Multilinear tensor rank estimation via sparse Tucker decomposition[C]. // IEEE Joint 7th International Conference on Soft Computing and Intelligent Systems (SCIS) and 15th International Symposium on Advanced Intelligent Systems (ISIS). IEEE, 2014.

[134] Jia C, Fu Y. Low-rank tensor subspace learning for RGB-D action recognition[J]. IEEE transactions on image processing, 2016, 25 (10): 4641-4652.

[135] Zhang J, Han Y, Jiang J. Tucker decomposition-based tensor learning for human action recognition[J]. Multimedia systems, 2016, 22 (3): 343-353.

[136] Zafeiriou S, Pitas I. Discriminant graph structures for facial expression recognition[J]. IEEE transactions on multimedia, 2008, 10 (8): 1528-1540.

[137] Yao Y, Huang D, Yang X, et al. Texture and geometry scattering representation-based facial expression recognition in 2D+3D videos[J]. ACM transactions on multimedia computing, communications, and applications (TOMM), 2018, 14(1s): 1-23.

[138] Shen Y, Fang J, Li H. Exact reconstruction analysis of log-sum minimization for compressed sensing[J]. IEEE signal processing

letters, 2013, 20(12): 1223-1226.

[139] Hunter R, Lange K. A tutorial on MM algorithms[J]. The american statistician, 2004, 58(1): 30-37.

[140] Bnouhachem A, Benazza H, Khalfaoui M. An inexact alternating direction method for solving a class of structured variational inequalities[J]. Applied mathematics and computation, 2013, 219(14): 7837-7846.

[141] Wipf P, Nagarajan S. Iterative reweighted l1 and l2 methods for finding sparse solutions[J]. IEEE journal of selected topics in signal processing, 2010, 4(2)(2):317-329.

[142] Yamagishi M, Yamada I. Over-relaxation of the fast iterative shrinkage-thresholding algorithm with variable stepsize[J]. Inverse problems, 2011, 27(10): 105008.

[143] Yaghoobi M, Blumensath T, Davies E. Dictionary learning for sparse approximations with the majorization method[J]. IEEE transactions on signal processing, 2009, 57(6): 2178-2191.

[144] Faltemier C, Bowyer W, Flynn J. A region ensemble for 3D face recognition[J]. IEEE transactions on information forensics and security, 2008, 3(1): 62-73.

[145] Venkatesh V, Kassim K, Murthy V R. Resampling approach to facial expression recognition using 3D meshes[C]. // IEEE 20th International Conference on Pattern Recognition. IEEE, 2010.

[146] Xu Y. Alternating proximal gradient method for sparse nonnegative Tucker decomposition[J]. Mathematical programming computation, 2015, 7(1): 39-70.

[147] Filipovic M, Jukic A. Tucker factorization with missing data with application to low-rank tensor completion[J].

Multidimensional systems and signal processing, 2015, 26（3）: 677-692.

[148] Xie Q, Zhao Q, Meng D, et al. Kronecker-basis-representation based tensor sparsity and its applications to tensor recovery[J]. IEEE transactions on pattern analysis and machine intelligence, 2017, 40（8）: 1888-1902.

[149] Hollander M, Wolfe A, Chicken E. Nonparametric statistical methods[M]. John Wiley & Sons, 2013.

[150] Tang H, Huang S. 3D facial expression recognition based on properties of line segments connecting facial feature points[C]. // IEEE International Conference on Automatic Face & Gesture Recognition. IEEE, 2008.

[151] Soyel H, Demirel H. Facial expression recognition using 3D facial feature distances[C]. // IEEE International Conference Image Analysis and Recognition. Springer, Berlin, Heidelberg, 2007.

[152] Gong B, Wang Y, Liu J, et al. Automatic facial expression recognition on a single 3D face by exploring shape deformation[C]. // the 17th ACM international conference on Multimedia. 2009.

[153] Berretti S, Del Bimbo A, Pala P, et al. A set of selected SIFT features for 3D facial expression recognition[C]. // IEEE 20th International Conference on Pattern Recognition. IEEE, 2010.

[154] Li H, Chen L, Huang D, et al. 3D facial expression recognition via multiple kernel learning of multi-scale local normal patterns[C]. // the 21st International Conference on Pattern Recognition（ICPR2012）. IEEE, 2012.

[155] Yurtkan K, Demirel H. Feature selection for improved 3D facial expression recognition[J]. Pattern recognition letters, 2014, 38: 26-33.

[156] Yurtkan K, Demirel H. Entropy-based feature selection for improved 3D facial expression recognition[J]. Signal, image and video processing, 2014, 8(2): 267-277.

[157] Azazi A, Lutfi L, Venkat I. Analysis and evaluation of SURF descriptors for automatic 3D facial expression recognition using different classifiers[C]. // IEEE World Congress on Information and Communication Technologies. IEEE, 2014.

[158] Zeng W, Li H, Chen L, et al. An automatic 3D expression recognition framework based on sparse representation of conformal images[C]. // IEEE International Conference and Workshops on Automatic Face and Gesture Recognition (FG). IEEE, 2013.

[159] Fu Y, Ruan Q, An G, et al. Fast nonnegative tensor factorization based on graph-preserving for 3D facial expression recognition[C]. // IEEE 13th International Conference on Signal Processing (ICSP). IEEE, 2016.

[160] Soyel H, Demirel H. 3D facial expression recognition with geometrically localized facial features[C]. // IEEE International Symposium on Computer and Information Sciences. IEEE, 2008.

[161] Tang H, Huang S. 3D facial expression recognition based on automatically selected features[C]. // IEEE Computer Society Conference on Computer Vision and Pattern Recognition Workshops. IEEE, 2008.

[162] Liu C, Yuen J, Torralba A. Sift flow: Dense correspondence

[163] Dalal N, Triggs B. Histograms of oriented gradients for human detection[C]. // IEEE Computer Society Conference on Computer Vision and Pattern Recognition. IEEE, 2005.

[164] Zhang Z, Lyons M, Schuster M, et al. Comparison between geometry-based and gabor-wavelets-based facial expression recognition using multi-layer perceptron[C]. // IEEE Third International Conference on Automatic Face and Gesture Recognition. IEEE, 1998.

[165] Edelman A, Arias A, Smith S T. The geometry of algorithms with orthogonality constraints[J]. SIAM journal on matrix analysis and applications, 1998, 20（2）: 303-353.

[166] Yan S, Xu D, Zhang B, et al. Graph embedding and extensions: A general framework for dimensionality reduction[J]. IEEE transactions on pattern analysis and machine intelligence, 2006, 29（1）: 40-51.

[167] Cheng H. Sparse representation, modeling and learning in visual recognition[M]. Springer London limited, 2016.

[168] Yang J, Zhang Y, Yin W. A fast alternating direction method for TVL1-L2 signal reconstruction from partial Fourier data[J]. IEEE journal of selected topics in signal processing, 2010, 4（2）: 288-297.

[169] Mirsky L. A trace inequality of John von Neumann[J]. Monatshefte für mathematik, 1975, 79（4）: 303-306.

[170] Fu Y, Ruan Q, Luo Z, et al. FERLrTc: 2D+ 3D facial expression

recognition via low-rank tensor completion[J]. Signal processing, 2019, 161: 74-88.

[171] S. Boyd, N. Parikh, E. Chu, B. Peleato, and J. Eckstein. Distributed optimization and statistical learning via the alternating direction method of multipliers[J]. Foundations & Trends in Machine Learning, 2011,3（1）：1-122.

[172] Yang Y, Nie F, Xu D, et al. A multimedia retrieval framework based on semi-supervised ranking and relevance feedback[J]. IEEE transactions on pattern analysis and machine intelligence, 2011, 34（4）：723-742.

[173] Donoho L. Compressed sensing[J]. IEEE Transactions on Information Theory, 2006, 52（4）：1289-1306.

[174] Fu Y, Ruan Q, Jin Y, et al. Sparse orthogonal tucker decomposition for 2D+ 3D facial expression recognition[C]. // IEEE International Conference on Signal Processing （ICSP）. IEEE, 2018.

[175] Yang Y, Nie F, Xu D, et al. A multimedia retrieval framework based on semi-supervised ranking and relevance feedback[J]. IEEE transactions on pattern analysis and machine intelligence, 2011,34（4）：723-742.